Straight Talk for Startups

100 Insider Rules for Beating the Odds— from Mastering the Fundamentals to Selecting Investors, Fundraising, Managing Boards, and Achieving Liquidity

創業的 100條潛規則

行家才知道，從發想、籌畫、募資到變現，矽谷成功訣竅一次到齊。

藍迪．高米沙 Randy Komisar
簡圖恩．李埃傑斯曼 Jantoon Reigersman
——————著　劉凡恩——————譯

給那些讓這世界更棒、更有意思的規則打破者

謹此向他們致意

紀念比爾・坎貝爾（Bill Campbell）及湯姆・珀金斯（Tom Perkins）

兩位超級破壞王

目次

Part 2

精挑細選投資者

Part 3 理想募資

Part 4

打造及管理高效能董事會 199

Part 5

達成變現 257

引言

矽谷贏家的成功創業祕笈

現今普世對創業的熱情令人為之動容。當初二次世界大戰後，美國主要在官方資助下從事的各項研發，而後開枝散葉成為全球性的經濟現象。三十年前，創業家是占少數的打破偶像主義者。站在矽谷第二波（首波是英特爾〔Intel〕、美國國家半導體〔National Semiconductor〕等半導體企業，故名矽谷）浪頭的，是一群追求個人科技烏托邦的嬉皮。今日的創業家，一個比一個世故講究，簡報炫目，野心動輒以數十億美元來計算，而非數百萬美元；與他們相比，昔日那些花派嬉皮像是一派天真的理想主義者。

矽谷的象徵地位依舊，創業旋風則在全球興起：斯德哥爾摩、柏林、劍橋、倫敦、特拉維夫（Tel Aviv）、邦加羅爾（Bangalore）、海德拉巴（Hyderabab）、北京、上海及更多地方。只要有聰明人，就會有新發明，而聰明人無所不在。「矽谷」這個名稱，其實是誤稱；昔日從聖荷西（San Jose）北邊的果園開展，如今涵蓋舊金山整個區域，還包括了奧克蘭。但創業不僅是發明；它是在有限資源下，由創新打造市場價值的最佳典範。儘管其他地方的快速趕上令人稱奇，但矽谷仍有其特出之處。

是風險創投嗎?是的，但……這個但書來自：創投資金乃追隨著機會，並不能打造它。別處的公司，如百度及阿里巴巴、Skype及Spotify，當它們展現驚人的財務成果時，投資者自會飛奔而去。

是面對風險的態度嗎?多少是……七十幾年下來，矽谷看待失敗，發展出一種很正向的觀點，它明白成功不在任何人的掌控中——除非你的失敗來自愚蠢、懶惰或犯罪——因此它不會因失敗而處罰你，而是凝聚你辛苦得來的教訓，成就下一件大事。這也讓矽谷更了不起。與其他企業文化對照，若你失敗了，恐怕就不會再有機會。話說回來，中國、以色列、瑞典，甚至其他各處，那些充滿進取精神的創業家，難道不是具備同樣承受風險的能耐？

是身經百戰的人才嗎？是的，還有……這個「還有」的意思是，不光是最好的人才從世界各地湧向矽谷；成功者也會留在此地，繼續耕耘新一代的創業家。在歐洲，創業成功人士可能忙不迭退隱到法國南方，而在矽谷，贏家會加倍下注，搖身化爲天使投資人、風險創投家、董事、顧問、教練、導師等。如果你走進沙丘路（Sand Hill Road）上任何一家風險創投公司，瞧見一位頭髮灰白、足蹬勃肯休閒鞋（Birkenstocks）的瘦削傢伙，正與一名身穿牛仔褲、襯衫下襬外露的年輕女性同桌對談，她八成是創業家，正在從一位熟悉這條道路風景的導師身上取經。這位導師大概已經累積相當財富，不在乎這類談話可否帶來收入，而以分享自己披荊斬棘的經驗給雄心勃勃的創業新秀爲滿足。

你可曾覺得，別人都知道什麼祕辛，卻從不告訴你？無論你跟資金、人才、智慧靠得多近，卻總是差那臨門一腳？能幫助創業者跨越這種迷惑的，就是矽谷優勢。祕訣不在大事，都是一些小事：百戰累積的經驗、商場上的眉眉角角、贏家分享的這類智慧，不知怎地，許多競逐者就是無法取得。

這就是我們出這本書的動機。

加起來，我們倆有幸身處這塊領域四十五年。二〇〇五年起，我在創投界聲望卓著的凱鵬華盈公司（Kleiner Perkins Caufield & Byers）擔任合夥人；三十多年前，在矽谷以一名律師及創業者身分起家，我算是半調子萬事通，集創業家、經驗豐富的執行長、投資者於一身。我橫跨數十年的職涯，始於一個專精科技法律的執業律師角色，之後的工作包括：蘋果公司資深律師、凱雷集團（Claris Corp.）共同創辦人暨商務部副總裁、GO集團財務長兼營運副總、盧卡斯藝能遊戲工作室（LucasArts Entertainment）執行長、晶體動力遊戲工作室（Crystal Dynamics，譯注：以開發《古墓奇兵》聞名）執行長。我投資過十幾家新創公司，擔任董事會成員，像是WebTV、TiVo（譯注：美國數位錄影機，內建Linux作業系統，提供即時錄影、預約錄影等功能，曾獲艾美獎互動電視設計傑出成就獎）、RPX專利申請公司、Nest（譯注：谷歌旗下智慧家居品牌，原創辦人爲蘋果iPod之父），還有多家社會企業。一九九〇年代，我創造出「虛擬執行長」，協助多位創業者邁向領導者角色，化想法爲具體業務。我也著有《僧侶與謎語：一個虛擬執行長的創業智慧》（*The Monk and the Riddle*），與人合寫《轉向B計畫》（*Getting to Plan B*）、《我＊＊的超愛那家公司》（*I F**king Love That Company*）。有將近十年，我在史丹佛大學教授創業課程。

簡圖恩首度成爲矽谷新創執行長，也是將近十年前的事了。他在職涯之初，待過摩根史坦利（Morgan Stanley）併購投資銀行部門、高盛（Goldman Sachs）特殊狀況投資者。他懷抱著對矽谷果敢精神的仰慕而來到這裡，也很快就發現，雖然追夢和創新是矽谷的成功基礎，但若沒有卓越的執行，一切都是空談。他留意到創業者總是重蹈覆轍，置前人的寶貴教訓於不顧。雖然簡圖恩擁有一個眼界寬廣的董事會，以及來自各方的數億美元投資金，包括許多領銜風險創投、戰略型投資者、主權財富基金（sovereign wealth funds），仍親身體驗到經營挫敗，原因出在創辦者、管理階層、投資者和董事會之間的協調不足。

我們是在凱鵬華盈公司的一場活動上相識，當我知道他在工作之餘，喜歡攀爬兩萬多英呎高峰、下潛海底五千英呎，我們立刻成爲朋友。只要簡圖恩進城，我們一定會碰面，聊聊他最近的冒險，話題總不免轉到工作，尤其是關於創投與新創董事會。簡圖恩自認爲懂得一切，但董事會總是找他麻煩，他很難相信這些聰明人會做傻事，一直不明白自己欠缺什麼。

於是，我們的談話內容天馬行空，有心理分析、財務鑑識（financial forensics）等。他很快就抓住奧義，開始看出端倪。當他愈了解創投本質、董事動機，還有股權結構背後神奇的投資計算，一切開始變得清晰。簡圖恩跟創投大老湯姆·珀金斯也建立起深厚的關係，我一點也不意外，因爲珀金斯向來喜愛獨立思考者、冒險家、破除偶像崇拜的人。他本人就是一則矽谷傳奇，縱橫創業及管理界，也是最受稱道的創投者。一九七二年，他和尤金·克萊納（Eugene Kleiner）共同創辦凱鵬華盈公司。這項合作與資產，爲世上催生出許多最頂尖、最有創新能力的企業，像是：谷歌、亞馬遜、Nest、直覺電腦軟體公司（Intuit）、網景通訊（Netscape）、昇揚電腦（Sun Microsystems）、康柏電腦（Compaq）、Tandem語言交換服務公司、基因泰克生技公司（Genentech）等。珀金斯成爲簡圖恩的導師，暢談新創與創投內部運作的種種故事。

在珀金斯的年代，創業家和投資者努力想打造永續的企業。因爲選擇不多，市場極重視價值基礎，又沒有什麼出場機制，珀金斯只有捲起袖子打拚，承諾做長做久；他與自己投資的新創業者併肩，四處走訪那些公司，提供決策執行的直接協助。對於新創業者而言，珀金斯是身經百戰、極其投入的好夥伴。現在，儘管創投者比比皆是，新創業者卻得不到所需的即時幫助和指引。許多董事和投資者欠缺相關實務經驗，安於被動的角色。這些日子，整個金融界——從避險基金、退休基金、私募基金，到大學、私人基金會、外國政府——全都在追逐十億美元身價的獨角獸公司。許多創投者更是透過社交及粉絲媒體大發議論，逕自胡亂預測，對結果卻不負絲毫責任。投資者與董事間的荒謬之舉，扭曲了理性表現。

創業幾乎成了一種流行與生活型態，而非熱情。被問到有什麼計畫，太多年輕人總說自己打算創業，對那二字所代表的一切卻毫無頭緒。他們想的是報導宣傳中的免費餐點、自由工作、開放的辦公空間、注重玩樂的夥伴，還有拿到金戒指的機會。然而，創業絕不只是過生活；創業是把有意義的創新帶入生活，由此打造高價值企業，這是一件非常艱辛的事情。光有好點子還不夠，要懂得如何落實才算數。這正是本書的重點。

創業者踏錯一步，都有可能受到強烈矚目，背後自有其道理。這些錯誤或越界，影響的不只是他們自己；而是仰賴其創新的數百萬人的生計，還有爲此投下美金數千萬，甚至數億的投資者。若某人拿一輛破舊的本田學開車，這輛本田勢必將一身傷痕；如果拿法拉利來學開車，法拉利八成也會坑坑疤疤，只是這些坑疤十分昂貴，後果令人無法忍受。當今創業者也不能奢談錯中學；他們需要經驗及智慧的協助，而且愈早愈好。

所以，我們要爲創業者坦率直言。以我們數十年的兩邊跨界——起先也是尋求忠告的創業者，近來扮演導師，爲那些希望撥雲見日的人指點迷津——所得，分享「祕訣」和經驗法則。不妨將本書視爲教戰手冊，讓你一窺風險創投家及董事的思緒，找出更理想的合作之道。我們期盼能加速你的領悟，減少幾道傷疤。

所有創業者面對的課題，本書都有涵括，尤其草創時期會碰到的：規畫及簡報、投資者及董事會成員、募資和流動性、管理和經營。暢談創業的經歷與論述滿坑滿谷，我們則凝煉精華，成就一百條規則。或許你略有所知，但還沒能集結全部的要素，將之整合爲扎實的戰略，除非你已經是老鳥。想贏，就得熟悉各種險境。本書能夠幫你做到。

這些洞見雖然以「規則」稱之，但我們很清楚，絕對沒有一體適用所有狀況的不滅原則，每種情況各自有異。話雖如此，這些規則歷經千錘百鍊及時間考驗，不僅是不錯的建議，更是最高的指導原則。不管你是要一個個認識、深入、變化或打破都可以，但你絕對不可以忽視它們。它們能協助你突破困境，迎風向上。

本書總共分爲五個篇章：蹲好馬步、精挑細選投資者、理想募資、打造及管理高效能董事會、達成變現等，只要透過優異的阻截擒拿技巧，即可大有轉機的幾個領域。來自三代創業體驗，直言無諱，揭開內幕，這是我們撰寫此書的宗旨。閱讀的順序請隨意，進補時間請隨時。無論你是創業者、管理者、投資者、董事會成員或商學院學生，只要你曾經疑惑：這幕後究竟藏有什麼，要怎樣才能掌控局勢，克服萬難？本書就是你需要的教戰手冊。

Part
1

蹲好馬步

Mastering the Fundamentals

第一部專攻基礎，從如何準備一份新創營運計畫、取得最佳資金，到怎麼凝聚董事會，讓董事發揮最大效能，齊心完成使命等。

坊間教授創業的書籍汗牛充棟，我們只聚焦核心。**重點包括：擬定兩份財務計畫，一份不夠；聘用兼職專家，而非全職新人；知道該衡量哪些東西，以及太早開始會造成什麼問題；單位經濟效益及營運資金的重要性**。新創事業要學的事很多，我們只想確保你能牢記關鍵規則。

同時，我們也撒開大網。舉幾個例子：用財報說故事，避免過度管理；以飛行前安檢的龜毛態度求才，拿失望當跳板。你也許自許為創業行家，從不放過精明投資者及各創辦人的厲害推文；哪個新創事業成功募資、哪個點子剛剛落實，都逃不過你的耳目；你對新創事業關鍵小組——工程人員、財務、營運、管理、行銷、業務——已有或多或少的掌握；但除非你身在江湖已有相當時日，除非你跟那些推特名人稱兄道弟，否則你還是摸不透哪些事情才是真正重要的。我們將所有技巧整理在這個段落，讓你為克服萬難打好扎實的底子。

Rule 1 創業從未這麼簡單；成功也從未如此艱難

每當有人提起這句快被說爛的話，我們就看見那些胸懷大夢的創辦人臉龐發亮。遺憾的是，沉浸在「創業眞簡單」的那個當下，他們似乎完全沒意識到後半句：「要成功，非常難。」就像學習新語言時，在「哈囉」、「再見」朗朗上口之後，再來必須克服一堆晦澀文法，才有辦法眞正說寫流利，隨心所欲。起步輕鬆，成功不易。本書就是爲了讓成功容易一點。

創業爲何如此輕鬆？首先，只要是創新重鎭，尤其像矽谷這種地方，風險創投簡直四處氾濫。這背後有著時間的軌跡。二〇〇八年經濟不景氣之後，全球利率低迷，飢腸轆轆的投資人只好轉進以往只有大膽的創投玩家敢承擔的風險之境。海外基金、成長基金、私募股權基金、戰略企業投資者，無不卯足全力追逐高報酬，對相應的風險視而不見。繼而是新貴身分的天使投資人，這批往往因自己創業成功而手頭寬裕者，很樂於資助後起之秀。這些現象足以讓專業投資者警覺，卻造就創業者籌錢的利多環境，資金湧自四面八方，融資從沒這麼容易，條件也對創業者有利。

爲何更難成功？更多資金造就更多新創公司，想出頭的競爭更激烈，引發「非經濟成長」（non-economic growth）等非理性行爲。非經濟成長就是，你把商品或服務的價格訂在低於它貢獻營運收入的程度，例如，你的宅配餐點定價十美元，原料成本五美元，預備烹調成本三美元，包裝成本三美元，運送成本五美元。就連做過檸檬水小攤的孩童，都能指出這個商業模式有問題，你的期望則是迅速吸引忠誠顧客，先拋開對手，再慢慢降低成本、提高價格。問題是，當公司如此起步，用創業資金吸引只想白吃的客人時，對手只有如法炮製。少數人有足夠支撐短期的戰爭基金，造成龐大資金遭到浪費。後繼者複製同樣概念募得競爭本錢，那麼整個環境肅殺成非經濟的紅海，也就不難想見。

招募人才的難度和經費也更高。員工不再像軍隊同僚，而是自由球員，在報到第一天就立刻更新領英（LinkedIn）網站的資料，在公司出點小錯便立馬投奔敵營。不動產稀少昂貴。能渡你走出迷航的大師，就算你有幸得其垂愛，也只能給你那麼一丁點時間。

所以，儘管起步不難，投資者賭風向而不管實力所造成的劇烈競爭，逐漸稀釋了資金與人才。但**只要你知道潛規則，了解各方動機和利益，絕對擁有勝算**。

Rule 2 舉止盡量正常

當一名創業者，毫無正常可言。正常人不會拒絕或辭掉福利好的高薪職位，把每一滴心思都用在旁人懷疑的某個想法，還經年累月把家人和親友晾在一邊；正常人不會以辦公桌底下爲睡鋪，把成箱能量飲料灌入肚，隨時剝開可怕的加工食品棒充飢，因爲一天的時間實在不夠處理萬機；正常人不會神經兮兮，時時回頭查看追兵靠得多近。正常人絕對不可能爲了夢想賭上職涯與生計。創業者就是得毫無理性地相信，自己能在擊退衆人的大浪裡挺進，衆人潰敗，唯他成功。

創投業者有著世上最了不起的任務，得聆聽坐在對面的那些狂熱陌生人描繪其幻想的未來世界，聽他們談一個自己壓根兒想不到的未來，聽這些狂熱份子訴說：只要有錢有人、有丁點運氣，我們就能讓這夢境成眞。（實際上，這些創業者往往沒提到運氣部分，但我們心中雪亮。）接下來，投資者有幸挑選，看自己要搭上哪一班瘋狂之旅。了不起的創業者眼中含光、義憤塡膺、難以自抑，只盼你與他們有志一同，漠視成功之前那些明顯的障礙。只有瘋子才能改變世界，常人不行。

你可能會想，媒體總是說得天花亂墜，鼓勵大家辭掉正職去創業，創業一定屬於大家。如果《畢業生》（*The Graduate*）那部經典片是在今天開拍，達斯汀．霍夫曼（Dustin Hoffman）主演的那個角色想必會被建議去做新創事業，而非進入塑膠業。

然而，面對潛在投資人與未來同袍，你一定要表現正常。在更了解彼此之前，別讓對方知道你也是妄想改變世界的可貴瘋子之一。你不希望一開始就嚇跑他們。

創業家是例外，不是常態。

Rule 3 以指數級的倍數突破爲目標

如果你想改變現狀，就得給人們願意改變行爲的理由。你最大的挑戰來自顧客安於「夠好了」的慣性。成功的新創事業，要能給市場或產品帶來至少十倍的改善；我們稱此爲「指數級」貢獻因子。雖說起碼十倍，百倍自然更佳。

要是你不瞄準「指數級」這種目標，別想說服投資人與顧客。哪方面得做出十倍改進？這要看你做哪方面的生意。如果你的產品是讓市場既有產品提高表現，那就試著提高指數級倍數來擄獲顧客。如果你想降價以鞏固市場地位，好好研發一個能夠以指數級倍數提升顧客的價值主張的計畫。**記住：顧客根本不認識你；他們跟你的投資者和員工一樣，要有足夠的理由才會轉向你。**在一股腦抄襲的跟風中，創業者太常忘記這個基本原則。指數級突破不容易做到，但假如你眞的做不到，先想清楚，再決定要不要踏入那個人滿爲患的市場。

瞄準指數級突破還有一個好處：標靶變寬、變大，不再細如鳳眼。如果想以只是夠好的創新來穿針，可能完全穿不過去；如果改瞄準指數級突破的靶，就算射偏一半，也許仍在場上。

Rule 4 小沒關係，野心要夠

名氣最大、影響最長遠的創業家，無不野心勃勃，深信自己的創新勢將掀起全球性的改革，創造無邊的機會。但除非你運氣好到擁有邁達斯（Midas，譯注：希臘神話中以鉅富著稱的國王）等級的創業軌跡，別想一次握有成就夢想的必要資源。你得力求精簡，階段性獲得成功，在每個關頭都有系統地以有限資源，證明你的「信仰之躍」（leaps of faith），這是你要獲得成功之前，計畫中必須正確無誤的核心假設。（譯注：Leaps of faith是指為了某個信仰而做出大膽之舉。）直到能向利益關係人證明你的公司確實全速啓動，只需要更多燃料，目的地唾手可及。

假如你是一九九七年的里德．哈斯廷斯（Reed Hastings），志在提供線上串流自製內容給全球觀眾，一舉推翻家庭影視娛樂業；面對當時低品質的網際網路，以及有線電視與廣播內容傳播大公司，如康卡斯特集團（Comcast）、美國國家廣播公司（NBC），你會去跟投資人推銷夢想嗎？還是你會調整焦點，用前所未有的訂閱服務，攻擊這條服務鏈中龐大而脆弱的一環——百視達（Blockbuster），DVD零售經銷商。當百視達提出鉅額，表態收購意願的當下，你會賣嗎？還是你看到網路品質及速度不斷提升，策略也改弦更張，決定在線上串流手中的電影？

十四年後的二〇一一年，哈斯廷斯終於決定聚焦那個超級概念，與DVD訂閱服務清楚切割。他把公司取名爲Qwikster，有別於後來將他對線上娛樂的遠見全數施展開來的網飛（Netflix）；但當時顧客還沒準備好，哈斯廷馬上明智地撤退，步步爲營。最後，網飛終能以得獎自製作品實現願景，開啓高品質家庭影音娛樂的復興，服務全球廣大的追劇觀衆。

爲此事業投下的資金達數十億美元，這筆金額遠非哈斯廷斯在一九九七年提出此荒誕念頭時所能妄想的。不過，網飛未曾貿然躁進於發展中的科技、轉化中的觀衆習慣，以及改革中的競爭態勢，而是隨著每個機會臻至成熟，逐步拿下實體通路、線上通路、內容製作，以至全球擴張。他的耐心、專注及韌性得到回報，更別說對時機的精準掌握，也許還加上一點運氣。

就算運氣好、有資金可運籌帷幄、能直接追逐大夢的創業者，也必須步步爲營，檢測基本假設，依序消除風險。匆忙前進將會導致失誤，造成時間和機會的浪費。實際上，**創業者永遠要在初期進行低成本的概念測試，以確保航道正確，貢獻要素無誤**。如果你依據未被檢驗的假設快速擴張，就有可能阻礙創新，把資源浪擲在不成熟的承諾，只因爲當初所依據的方向錯誤，選擇的夥伴不對。在你加倍下注、追尋大夢之前，先移開白熱化的風險吧。

Rule 5 失敗多半來自執行不力，而非創新不佳

很多人誤把運氣當技巧，自以為知道理由，實際上根本不是。技巧與運氣，差在可不可以重複。你必須向自己及利益關係人充分證明，只要你想，你確實可以呼風喚雨，而非僅在天昏地暗的時候才行。

讓你成為醫生的是動刀天賦、組織能力、醫學知識，不是巫術。我們可以指出一堆設計差勁的遊艇，搭配了打混船員及無能船長，仍能安然返港，只是因為風平浪靜，而這批人也知道怎麼轉方向舵、把帆張滿。市場環境良好是他們走運，絕不表示他們是優秀的領袖、經理人或投資者。火雞也能隨著疾風飛天，破鐘一天還有兩次報時準確。

時機很重要。如果你看對市場，卻抓錯時機，照樣會失敗。我認識一名創

投業者，對一個嶄新的生意概念如此回應：「我十年前就想到這個了。」喔，很棒，但十年前你不會成功，因爲市場條件不夠，這個概念在當下才有意義。此刻，你的產品是否有對的價格、特色突出、市場是否已有足夠的接受度、鋪貨是否暢通不致短缺？如果都是，你就眞的準備好了。

史蒂夫．賈伯斯（Steve Jobs，若不提賈伯斯先生，就不算是談創業的書）判斷市場風向有如神諭，而他另一項沒那麼受人矚目，卻同樣舉足輕重的本領是，他永遠不會讓產品過早上市。

當賈伯斯於一九九七年重返蘋果公司，所做的第一件事，就是停掉牛頓（Newton）計畫。它的主力推手是約翰．史考利（John Sculley），他想推出能辨識手寫文字以及可網路連線的掌上型通訊器。這個計畫推遲多年，技術曲線始終不佳，價格與表現不如預期。

賈伯斯發現公司的能力遠不及願景後，便毫不留情地停掉計畫，但留下一批好手，像是東尼．費德爾（Tony Fadell）跟他的哥兒們麥特．羅傑斯（Matt Rogers，這兩人後來一起創辦Nest公司），繼續耕耘這塊領域。他先以iPod瞄準數位音樂。當時的科技和內容，足以推出攜帶型音樂播放器，讓他在睥睨市場的同時，能繼續研發無所不在的隨身連線產品。要再過十年，蘋果才推出iPhone，這是牛頓的大躍進；技術和電池終於達到成本效益，市場完全準備好隨身攜帶自己的娛樂項目，賈伯斯終於有了需要的一切，實踐給大眾一個連線通訊器的承諾。

從蘋果公司過去的這一頁可以看到，成功新創的執行計畫十分簡單，只有六個重要發展階段。但簡單的計畫恐怕不易執行；那需要最嚴謹的自律。

你很容易被自己的願景沖昏頭而迫不及待，堅信假設，卻造成不必要的風險。當你的創新碰到困難，結果不如想像，只要你從中記取教訓，迅速調整方向，這些挫折未必等於「失敗」，除非你停止嘗試或燒完資金。

創業公司得耐著性子，經歷這段嘗試及犯錯的驗證階段，而這應該是新創最不昂貴、最洶湧動盪的期間。假如你在證實那「信仰之躍」之前便擴大規模，不必要地提高風險，就會降低成功機率。必須嚴格遵行下列指南：

階段一：點子（idea）——發想點子，評估其吸引力

階段二：技術（technology）——打造技術

階段三：產品（product）——推出產品

階段四：市場（market）——證明市場需求

階段五：經濟（economics）——證實現實中的經濟效益

階段六：規模（scale）——最後，擴大生意

一個便於記憶的順口溜："IT Provides ME Success"（那帶給我成功）——Idea, Technology, Product, Market, Economics, Scale。

創造過程基本上是執行過程，並非靈光乍現。就像寫書，你陷於一段掙扎時期，腦袋撞牆也無解，然後某種洞見或新的發展讓你突破那堵牆，之後就只剩下執行。你能有系統地「創新」與執行，就可把錯誤降到最低，使成功機會極大化。換言之，在瘋狂的創業背後，是有一些方法存在的。

當然，有時候競爭如此激烈，市場又經常是贏家全拿（想想社交媒體、網

路搜尋引擎），你必須拚命前進，承擔更多風險以拿下主宰規模。但那不是不分青紅皂白的盲目躁進，而是知道如何輕騎越過成長六階段的嚴謹策略。

Rule 6

一流點子出自眞正的玩家

一般來說，最棒的創新者，本身都是極度投入的使用者。賈伯斯與史蒂夫．沃茲尼克（Steve Wozniak）想把ＩＢＭ大型計算機的神奇帶回家裡，於是創造了蘋果公司，成爲個人電腦的先驅；崔維斯．卡蘭尼克（Travis Kalanick）因趕著去參加某總裁的就職典禮，卻苦於叫不到計程車，因而打造出隨選叫車服務，命名爲Uber；谷歌搜尋引擎來自賴利．佩吉（Larry Page）與謝爾蓋．布林（Sergey Brin），當時就讀史丹佛大學的兩人，爲了解決線上爆炸資訊的問題而傷腦筋；馬克．祖克柏（Mark Zuckerberg）創造臉書（Facebook）的初衷，是想讓包括他自己在內的哈佛學生「評比」同學；伊方．修納（Yvon Chouinard）成立巴塔哥尼亞公司（Patagonia），好爲自己與登山潛水同好製造生態環保產品；東尼．費德爾位於山上的住宅需要有效控管能源，於是他發明出Nest恆溫器；里德・哈斯廷斯遭到百視達罰滯納金而大爲不滿，遂打造出網飛公司。

這些創業家的出發點，都是對顧客的需求有深切的體認，因爲他們自己就是主要顧客。當市場對其創新做出回應，他們的點子便發展爲龐大的生意。

這是發明家與創業家的基本差異。發明家做出攫取想像的驚人突破；創業家發展出的產品或服務則超越想像，解決某種實際的顧客需求，而那背後存在著誘人商機。別把創業家與執行長混爲一談。執行長帶來領導、策略、營運，讓一個誘人商機成爲成功企業。有人或許能有效兼任三者——發明家、創業家、執行長——但這三種角色截然不同，所需能力也相差甚遠。

所以，當你的點子已經適合介紹給大眾，就該轉進階段二：打造技術。

Rule 7 技術通過驗證後，再談做大

儘管這項技術尚未獲得驗證，你卻忍不住相信它一定可行。畢竟，如果你屬於技術性的創辦人，腦中完全清楚該怎麼做——只要有時間。但事情的發展沒這麼快，除非你只是要對某種現有技術做簡單漸進的改良（那不太可能帶來指數級的突破），否則你仍然必須先解決某些重要事項。只憑已知事項來進行擴張，一旦未知之事證明你錯了，代價恐怕會太高。

非技術性的創辦者更容易犯這種錯誤。他們依賴技術人員，後者保證絕對能依照目標推出或即將推出產品。在這些保證之下，創辦者未等技術上線就開始進行擴張，這下子問題可大了，他們聘用更多員工、支出更多，每個月的燒錢率（損失金額）增加，現金用完日（照目前走勢下去，全部資金用罄之日）提早來臨，你弄得焦頭爛額，只爲了支持尚未成熟的產品，即便市場已經成熟

了也沒有意義。隨著產品延宕一天、一週、一個月，你的損失絕對超過擴張之前，你喪失了初期的新創優勢，包括：前置時間（lead time）、敏捷、效率。

當然，萬一產品眞能及時推出，比較有步驟的動作可能讓你擴張不夠迅速。但除非競爭者已追到腳邊，否則放慢腳步、謹愼擴張，還是最明智的作法。歷史不乏殷鑑。

我們稱之爲「克制的迫切感」（restrained urgency），是比較妥當的途徑。弄對技術可能得花上大把時間，所以要先證實技術，再開始擴張。換言之，先證明產品沒問題；再證明市場潛力無誤；接下來，確認經濟方面穩當（尤其「單位經濟效益」：每筆交易貢獻給營運利潤的金額）。不這麼做的話，你很可能在醫生趕到之前便失血過多，回天乏術。

Rule 8 管理要吹毛求疵

傳說中，當團隊驕傲地在賈伯斯眼前呈現一台初期的PowerBooks，賈伯斯臉上的怪異表情令他們困惑不已。這台機器由完美的鋁合金包覆著，唯獨底部不同，採用稍有差異的鍍銀。賈伯斯暴跳如雷，下令停止生產，並報廢所有機器，數十萬美元的成本就此泡湯。團隊指出，沒有人會注意底部，何妨從下一批再做修正，但賈伯斯毫不讓步。對於產品，他吹毛求疵。

突破性產品往往出自小團隊，有很強的領導人，刪去一切不必要的功能，誓言要把核心做到最好。產品研發沒有民主可言，那需要仁厚的獨裁者（但願不是暴君）：願意聆聽，但必要時，絕對貫徹其意志。完美也沒有理性可言，那不是商場取捨。要做出不尋常的傑出產品，需要不只一點點瘋狂。所有成功的新創公司皆有一個共通之處：目標明確，專注於顧客的價值主張。

費德爾及羅傑斯在打造Nest恆溫器時，用心且鉅細靡遺。費時兩年，十來個一流人才日以繼夜，有時看似難以爲繼，大家脾氣火爆，氣氛雞飛狗跳，一切就是爲了追求完美。這過程自是磨人，然而等到產品推出，其優美及獨創性引爆熱烈迴響時，團隊所感受到的驕傲和滿足，是唯有極致的吹毛求疵才能夠成就的。

Rule 9 目標市場：成長快，動能強

許多創業者瞄準既有的廣大市場，認為那是財源所在；表面上看起來是如此。但典型的成熟市場會有五到七個相關對手，其中大概有兩個占了七成以上的利潤，投資能力遠大於其他家。新進者的競爭門檻仰之彌高，所以指數級的創新如此重要：想要打破現狀，你得具備不公平的優勢。

但是你又得避免衝太快，最好先瞄準小規模、特殊的、毛利率高的領域進入市場，先在這裡站穩腳步。你先聚焦在成為漲勢看好的某塊市場區隔的領導者，再從那裡逐步擴張。特斯拉公司（Tesla）的公開策略就是如此：不以大眾市場車輛追在大廠後面為起點；它的目標客群是奢華市場的早期採用者（early adopters），這些人願意為破天荒的乾淨能源電動車掏錢，我們就提供稍微高於製造成本的高價車。之後，隨著技術知識成本降低、品牌日受矚目，再跨入規

模較大、競爭較強的市場區隔。你要克制拿昂貴的創投資金來補貼大眾市場顧客的念頭，除非你確定這樣能迅速得到獲利數量。

其實，市場領導者處於兩難，它拒絕推出新品，因其品質或價格並不能擴大現有的廣大市場；而現有產品的價格、品質和性能，又都處於技術S曲線的衰退邊緣。新進者逮住機會，針對早期採用者推出次優（suboptimal）產品（高價、有限的功能或技術限制），等到功能變強、成本降低，就拓展市場，最終扳倒現有大廠。

索尼公司（SONY）當初以晶體收音機進入音響市場，面對真空管高傳真系統，它不以品質對抗，而是以價格和方便性爲切入點。我們想給你的建議是，先找到口袋夠深的利基市場生存，讓你能夠在身處S曲線昂貴的這一端時，有餘裕能養大你的創新火力。等到成本降低、功能持續改善，再把市場擴大。特斯拉最早的超跑（Roadster）要價十萬九千美元，續航里程兩百四十四英里（約三百九十二公里），九年後，Model 3定價三萬五千美元，續航里程三百一十英里（約五百公里）。底特律、慕尼黑、豐田市，當心啊！

每當珀金斯被問到創投者如何評估一個點子或營運企畫，他慣常以這個笑話作答：「我沒辦法教你怎麼寫或怎麼創作，我只能告訴你，我們怎麼看：我們先看後面，如果那數字夠大，才會翻到前面看清楚這是哪門子生意。一點都不複雜。」很棒的建議：畫個大餅，但要像雷射切割般，精準地抓住眼前的商機。

Rule 10

只找頂尖人才

新創成立初期，決定了這家公司的基因。每位員工的資歷和技能都極爲重要，新進人員也將影響公司文化，千萬別忽略每個人的人格與各自帶來的價值。逐漸地，這些員工將負責篩選及面試更多僱員，個人的一點偏見將會以倍數擴散至整個公司。有言道：一等好手有足夠自信去鑑別並僱用一等好手，二流人才則僱用三流人員。初期聘用之誤，傷害很大。

很多公司時興在成立之初便寫下企業宗旨，實際上，公司的本質會自然隨著每位新進人員的融入而逐步成形。你在那邊舞文弄墨，只是浪費時間，並不會爲組織眞正注入什麼。勸你等核心團隊到位，大家有時間再一起動腦，不必先立下什麼主張、在乎的宣言。在那之前，只要澄清你希望公司具備的特質，以此做爲招募標準即可。

招募也許像是找人就位，但對新創事業而言，實則複雜許多。當然，你需要最好的產品經理或領銜工程師（lead engineer）或財務長，而且愈快愈好。但是，新創組織變化多端，不斷演進，你的團隊也要能與時俱進，行進於未知，邊做邊學，且資源有限。《財星》（*Fortune*）五百大傳統企業需要的技能，不見得符合新創事業所需，實際上可能恰好相反，因爲大公司員工擅長管理組織的流程與政治，期望有豐富的資源，但那是靈活轉變的新創公司想要減至最低的。

再者，正式組織（領導、管理、董事會、團隊）會隨新創事業的生命週期而不斷更新，找人的目標是要極富野心、才智、毅力，擁抱不確定感、工作道德感強烈、不會強調自我，同時能完成任務，不斷成長，一路承擔更多責任。定期考核每位員工，評估他們在半年到一年內能否適任，能否跟著業務成長，必要時，提供協助或予以調整。

剛進新創公司的員工，往往只顧著評估某個職位，實際上，他們應該了解那個職位不過是一塊踏門磚，眞正該在乎的，是這家公司能帶來的成長與學習。當然，還有財務報酬。

別忘了，最便宜的頂尖人才，就是已經在你旗下的人。如果你能確保一軍工作開心，就不必花費時間和金錢尋找替補人員。你從別家公司挖人，他們也想挖你的人，而且他們對你底下的一般員工沒興趣，他們想挖走你最好的人。投資在公司現有的好手身上，絕對比去找表現難測的新人更節省時間，也少了很多風險。

隨時評估公司裡頂尖的百分之二十五好手是哪些人，讓他們知道你的重視，以加薪及成果獎金讓他們驚喜，在已經授與的股票選擇權完全既得之前先進行更新，並找機會給他們更多挑戰與責任。

有些公司總是等員工遞出別家公司開出的條件，才趕緊以更好的待遇反制，這麼做實在很傻。當員工知道得這樣才有機會加薪，自然不會拒絕外界的招手而接下那些協議書。即便他們到目前都做得十分開心，一旦動念往外看，忠誠與專一度下降的風險就逐漸升高。你應該未雨綢繆，讓最棒的人知道你充分惜才，他可以安心工作，心無二念。

厲害的新創團隊不停地挑戰既有常識，追求大公司看不到或認爲風險過高的潛在機會。想擊敗對手，你的公司必須靈活機動、全心投入，很多將來需要的職位，現在根本還看不見，所以找一個天賦過人的商場運動好手，會比經驗豐富的專才更好。不管你怎麼做，務必留住頂尖人才。

Rule 11 仿效機師的飛行前檢查來面試

航空機師在做飛行前座艙檢查時，絕對一絲不苟。不久前航空界有此認知：很多意外都肇因於對例行防範措施及儀器設定的粗心大意；機師訓練只強調如何應付特殊事件，卻不注重小細節。於是，產生「飛行前三六〇度檢查表」（**Pre-Flight Checklist**）這樣一份行禮如儀的程序，確保不再有人漠視明顯的問題。醫院也開始採取類似的措施，例如術前檢查表，以免原可避免的風險釀成大災。接受先進訓練的醫師們，很多人不耐煩這種規矩，但明顯的成效無可否認。

就像創業的許多層面，系統化也有助於招募。我們每天總會碰到新的人並對他們品頭論足，因此自以爲具備找人才的能力。但若每個面試官隨性出題，評斷標準不一，公司要怎麼找到最佳人才？管理者與董事會成員往往缺乏有效招募的足夠訓練，結果問一堆只反映個人偏見的空泛題目，缺乏客觀重點。這些無意識的偏見，讓你無法從背景不同的對象中看出千里馬，公司也難以吸引最傑出的人才。

所以我們建議，要根據公司需求與價值觀擬出共同準則，建立一套檢核表。而這樣採用表格與某些一致性，並不意味著過程必須乏味。你大可把面試過程弄得天馬行空、饒富創意，只要你清楚自己期待什麼，而那些標準與公司一致。跟應徵者多聊一些是很好，但隨興所至的提問、前後不一的篩選，對公司沒有半點好處。

Rule 12

能大破大立者，即便兼差也強過全職充數者

新創事業的資源極其有限，尤其是錢。想跟有規模的企業搶人，很難。應徵者當中，你常發現有能力讓公司飛躍的人才，但他們卻沒有被公司不確定的美好未來給打動。這時，你會怎麼做？就這麼放棄一個顛覆者（game changer），退而求其次地聘用你請得起的最佳人才？

所謂的顛覆者，能夠隻手擎天、幫你消除火燙風險。工程方面缺的那片要素，他們有；行銷方面遇到瓶頸時，他們滿腹錦囊；他們也會激勵大家併肩締造更棒的成績；他們美妙的經驗結合能力，讓你的困境迎刃而解。顛覆者的履歷、推薦人或某種歷練也許亮眼，但還有某種東西能指出，他們絕不只是另一個普通人。

有時，你必須找一個能夠全力以赴且全年無休的好手，因爲這麼多工作就是得完成。但有時候，找個兼職的顛覆者也許更理想，而且是有可能的：你可以搭配一名資淺員工與其共事，汲取其經驗及判斷。有些顛覆者也許想要有彈性的工作，也許正在職涯轉換期，如果你能爲他量身打造職位功能，盡可能學得他的本事，那就可以雙贏。

財務部是開始的好地方。財務功能是提供即時有用的財務營運資訊與全公司內幕訊息，目的在於告知，並規範經營表現。如果你的財務部未能提供這樣的輔助，你就必須做出改變。創辦人經常犯一個錯，以爲軟體工程師一定要找很有經驗的、行銷業務一定要最厲害的，而財務人員只要將就即可。

財務包含兩個關鍵：財務申報（financial reporting，又叫作會計紀錄監督，accounting and controls，聚焦公司近期表現）與規畫（亦稱「預測、規畫與分析」，FP&A，聚焦公司目標、追蹤進展）。也許你認爲，既然還沒有收入，財務部便宜行事即可，反正只是做一些成本會計。然而，規畫功能對公司初期的幫助最大，這種人要形塑公司，檢驗假設。他們能透過數字與分析，強烈影響策略，是你重要決策的試金石。能否擬定足以贏得續航資金的營運計畫，他們也是重要角色。

你不用請最貴的財務來做這些事，有很多老鳥能兼任，你的董事會可以幫忙找到。矽谷有些獵才公司，專門外包兼職的高階財務專才。在其他地方，你不妨尋找剛退休、想找份彈性工作的資深專家。

這不僅適用於財務方面。現在有專門代找各種角色的獵才公司，也許你還不需要全職行銷總監，只想找個資淺員工負責相關事宜，但不妨考慮請個願意兼職的高手，幫你處理只有經驗才能化解的複雜問題。就算你還沒安插眞正的業務，也可以考慮請個兼差的業務好手，爲公司迅速擴張所需畫出藍圖。別省這筆錢，你需要最厲害的動腦人，發揮創意吧。

Rule 13 帶隊如帶爵士樂團

理想的新創團隊，爵士樂團是完美的闡述。一方面強調個人技藝、即興發揮、活力四射，整體效果則又得靠每個人的不懼風險，無論玩的是什麼樂器，大家合力譜成親密對話，每個人都能單獨跳出與完美融入，淋漓發揮一己之力，並接收夥伴的暗示，抓住自己可貢獻的良機。沒有彼此，就沒有音樂。沒有誰是老闆，只有懂得激發全體最棒潛能的領袖，帶領大家飆出完美樂曲。每個人都曉得自己的獨奏必須契合整體曲風，但在某個段落也能做最自由的即興演出。大家都朝未知竭力伸展，卻沒人忘了一致的方向。

如同爵士樂的領頭者，新創事業的領袖得建立凝聚人心的策略與重點，並賦權給每個人發揮創意及產能。盡量別干涉管理者，他們知道自己要激發員工的創意與表現，你別為了當老闆而強出頭。畢竟，員工不只是生產的工具，更是你的創意來源，帶頭者該爲創作者服務，爲其打造能讓他們發光的環境。想想邁爾斯・戴維斯（Miles Davis）、比爾・艾文斯（Bill Evans）、約翰・柯川（John Coltrane）、加農砲艾德利（Cannonball Adderley）、保羅・錢伯斯（Paul Chambers）、吉米・柯布（Jimmy Cobb）。

商場風險密布，自我太多，當太多人只顧獨奏而無視主旋律，只會造成麻煩。協助整個樂團傾力合奏，是你的責任。

Rule 14 不必提供免費午餐，工作有意義才是正道

新創公司覺得應該提供免費午餐給員工，因為谷歌、臉書這些領頭羊都這麼做。如果你的公司具備全球規模、高度槓桿化、毛利率簡直無盡，你當然可以對員工拋撒福利。只是別忘了，很多領頭企業並沒有這麼做，例如蘋果及亞馬遜。

像以下的這種時候總會來的，你的財務長走進來告訴你，免費午餐的經費可以再聘請一名工程師。然後，隨著公司成長，不再只等於一名工程師，還要外加一位產品行銷經理，以此類推。當你無視不斷下滑的現金水位，一心想著下輪注入的資金，這一切似乎不成問題。但如果市場轉變，獲得資金的成本上漲，甚至拿不到資金，你就得做出困難的決定了。這些午餐霎時顯得十分昂貴。

所有人都曉得，撤掉津貼多麼折損士氣，尤其在艱困時期，那絕對是開始省錢的錯誤時機。所以，如果你一開始決定提供食物或任意工時這類福利，請小心一點，想想它們在未來可能會形成的困局。

如果你想打造一家跟谷歌比津貼的新創公司，那就錯得離譜了。你想要的人才，寧可拿免費午餐，換取一家有志改變世界的新創事業、有意義的工作與職涯發展。比起免費食物，應徵者更在意這份工作能爲他在經歷、創意、機會，甚至財務帶來什麼好處。目的遠比津貼重要。把你的力氣及資源擺對地方。

Rule 15 最迷人的投資標的：專業團隊，目標一致

你的投資者需要覺得放心把錢交給你，但也要覺得被相同的願景所激勵。好的投資者在做盡職調查（due diligence，譯注：在簽署合約或其他交易前，依特定標準對合約或交易相關人或公司的調查。）時，會到你的公司走動，跟你的員工及顧問談談，這通常不會太正式。若公司高層說的跟團隊眞正做的不同，明眼人一看就知道了。這並非說大家要爲了這種可能而隨時「衣冠楚楚」，那樣騙不了聰明的投資者；這是說，整個團隊應該像團結的部落，同心向著明確的目標前進。

在募資階段請來的顧問也是。務必找名聲好、能力強的律師，那是確保募資順利的關鍵之一。如果你由差勁的顧問陪著進行協商，投資者也會質疑你的

專業。

投資者要知道你這邊的每個人都沒問題，包括經驗、知識，或你在必要時有能力找到眞正的專家。那不僅能增強他們對你的信心，提高募資成功的機率，也會減少彼此日後的許多問題。此外，投資者也想確定你明白自己哪裡不足，何時該尋求援助。別帶著二流團隊或甚至單獨出現，那表示你若不是無知，就是傲慢到無意識自己需要更多專業相助。

專業非常重要，卻不表示投資者不在意自己投資給什麼樣的公司。他們當然想賺錢，也想共同參與一項偉大的事業。換言之，專業是基本，但並非全部。遠大的夢想、鼓舞人心的宗旨，同樣重要。

Rule 16 用財務數字說故事

從財務報表可以看出生意及公司的重要情報。在那些數字背後，藏有團隊與機會的無邊內幕，好的投資者就靠研讀這些維生。現金流量表不僅說明公司賺多少現金或根本沒賺、能否償債及支付其他款項，也透露公司如何分派資源（如工程多些、行銷少些），如何使力（如著力於大顧客）。它直指眞相，點出公司宣稱「我們以驚人速度成長！」與實際情形的差距：公司花巨額吸收非策略或不經濟的顧客。它亮出錯誤經濟，例如一邊控制員工人數，卻又提高約聘費用。它會讓人質疑關鍵指標，例如你把增加的顧客成本慢慢挪去品牌行銷，是爲了符合前者的預估數字嗎？它揭露你策略的重大謬誤，例如重視年訂閱遠超過月訂閱，會增加遞延收入，卻需要更長的時間攤提，導致帳面營收下滑。拿出你的預算，我們就能講出你的策略。

從損益表可以看出顧客願意掏多少錢買你的產品或服務、製造單位成本、毛利率及相關營業費用。資產負債表會明白呈現公司的資產負債情形。而在這一切底下，是對初期創業公司特別重要的種種假設，那比預測來得重要。問對問題、正確挑戰假設，比找出特定答案還有用。

新創事業不至於在一夕之間把錢用完。只要用心讀取這些數字，就能預見徵兆。草創業者最好從兩方面緊盯燒錢狀況，一是營運（錢跑到哪裡去），二是差異（現金實際支出與當初計畫或預期的差別何在）。一段時間下來，這兩邊產生的趨勢就能讓你跟團隊知道該聚焦何處、如何改進，還能促使你思考目前的策略是否正確。財務呈現的回饋，是做方向修正、整體微調的無價參考。別只按月登錄數字；仔細審視，汲取改善營運的重要線索。

Rule 17 兩份營運計畫：一個執行，一個夢想

創業者似乎以為，對投資者或其他利益關係人說明時，必須拿出一份扎實的財務規畫。

這只對了一半。理想狀況是，你要準備兩份不同的財務規畫。第一份是你們自信能夠達成的執行計畫，鑑於此時所知或所能預見，信心度達九成。這份計畫決定公司的支出。可以把它想成是由下而上，你們要做的就是衝出上面的數字。既然它是執行計畫，可行性就要高，費用應該都能確實預測。

第二份就沒那麼確定，信心度也許五成，夢想中的成長極富野心，但只要更努力，加上一點運氣，依然有望實現。那些目前未知、難以預期之事，也將為你最終的經營策略定調。這個計畫由上而下，你得實現的是底部，它並非幻

想。當一些無法主宰的好事發生時，你憑著努力即可達成。有野心的目標設定適用這種計畫，例如績效薪酬。

你必須區分這兩者，並闡明成功要素，才不會在夢想計畫上一擲千金。舉例來說，管理團隊常宣稱儘管未達到營收或毛利率目標，但已達成僱用目標。這下子問題可大了，因爲那表示現金流入不足，營運成本又增加，無異對公司造成雙重打擊。又或者他們預算達成卻招募不足，這代表別處支出過多，一旦人員補滿，勢必超出預算。

先做好執行計畫，至於夢想計畫則等達成重要里程碑後，再添加柴火。步步爲營，只在階段性目標達成時，才逐步增加費用。

身爲草創公司，這些計畫必須每九十天更新一次，有效進行滾動式預測，而非年度計畫。那表示每隔九十天就要重新預測之後的四季。新創事業的狀況演變得太快，年度計畫緩不濟急，不夠精確，前一季數字很快就過時了。

這不是要你把營運及預測守則丟出窗外，而是隨著未來逐步清晰，每九十天就做一次事實檢測，此一滾動式預測可不能當作沒達到業績的藉口。緊盯你的年度營運計畫（十二個月計畫）、每季預測更新、實際成果。各項之間的誤差能點出重要資訊，讓你明白營運假設與經營實況藏有什麼問題。每項更動都要完整記錄，要有事實根據。採用這樣的程序，就不會在達不到業績時，擬出太樂觀、認爲成本必然下降的預測。保持樂觀，但要冷靜。

雖說預測新創事業的未來有點像是看手相，但你仍要做出至少三年的營運計畫。這不是說此時這種預測會可靠，但它會驅使你深思此時需多少資金，未來才可能實現夢想。經常有新創事業太晚才發現，積極訂下的營收與毛利率無法達成，是因爲去年沒事先爲今年的目標僱人或購入設備。這種情況太多了。

Rule 18 對所有財務數字及其相關性，了然於胸

成立新創公司的每件事，幾乎都是藝術與科學的綜合，你最縝密的規畫背後的財務機制亦然。因爲有衆多因素會交互影響，打造新創事業便需要技術與感性。凡事不可能無中生有，財務報告尤其如此，就像調校精準的機器，所有槓桿滑輪都要共同運作，才能正確評斷公司的體質。

你可曾想在電子試算表放進某個公式卻無法計算，因爲那是循環參照（circular reference），意思是某變數的值，取決於另一變數，而該變數又取決於第一個變數。損益表與資產負債表就是這樣。你得了解那些算式，而不光是結果，才能從財務報表中窺見奧義。數學只是跑出此數字的一部分，剩下得靠判斷——你的財務人員做出最好的判斷。

損益表	銷售 －　銷貨成本 ＝　毛利（動因：利潤率） －　營業費用（動因：利潤率，通貨膨脹） ＝　稅息前利益（EBIT） －　利息 ＝　稅前利益（EBT） －　稅 ＝　淨利益
現金流量表	淨利益 ＋　折舊 ＝　營運現金流 －　投資營運資金 －　資本支出 ＝　自由現金流量 ＋/－　負債增減 －　股利支出 ＋/－　股東權益變更 ＝　現金變更
資產負債表	資產 ＋　現金 ＋　存貨 ＋　應收帳款 ＋　廠房財產設備 ＝　總資產
	負債 ＋　應付帳款 ＋　債務 ＋　股東權益 ＝　總負債與股東權益

營運資金明細表	＋　存貨變更（動因：迴轉／銷售） ＋　應收帳款變更（動因：應收帳款週轉天數） －　應付帳款變更（動因：應付帳款週轉天數／產品成本） ＝　營運資金投資
負債現金明細表	期初現金餘額 ＋/－　現金變更 期末現金餘額（利息收入以平均現金餘額計算）
	期初負債餘額 ＋/－　債務減少／增加 期末負債餘額（利息費用以平均現金餘額計算）

右頁和上頁是財務數字如何運作的主要一覽表。

留意這些財報數字之間明顯的相關性。「利息」是決定稅息前利益與債務現金明細餘額的關鍵因素。損益表的「淨利益」，影響至資產負債表股東權益的計算，還有現金流量表中的股利支出及股東權益變更。「折舊」與「資本支出」是資產負債表廠房財產設備的重要變數。現金流量表裡的「投資營運資金」，直接來自營運資金明細。同樣在現金流量表中，「負債增減」是負債現金明細表計算結果，而股東權益變更則來自資產負債表。資產負債表又取決於營運資金明細表算出來的存貨變更、應收帳款變更、應付帳款變更。

接著再談複雜一點的。這些數字全都仰賴你的財務團隊如何分類，比某些人以爲的更主觀，可說是科學與藝術及良好判斷的總和。你的銷售數字是包括了與大型供應商一起合計的全部收入，還是先扣掉該分掉的款項，只報屬於你自己的那一塊？分母是總營業額或是淨利，所算出來的毛利率大不相同；你是把通路折扣放在行銷費用，還是把它從銷售中扣除？（通常稱「線上」（above the line）或「線下」（below the line）。）你的廠房、財產、設備成本，是包含在一般及行政費用，還是按人頭分散到各部門費用？你的合約是否提供長久服務，以致你收到前期款也無法列入銷售？或是因爲金額微小，你就以保固費用放到銷貨成本之下？你提供的終身訂閱，是否因顧客終身價值尚不明確，使你必須分若干年來認列收入，以致本期帳面營收大幅下降？

你有責任讓財務人員及所有關係人，都清楚每個數字的組成因子，所以你能一眼看穿各種問題成因，例如當收入迅速增加（顧客增多），爲何營運毛利率往下掉（以折扣衝高業績、顧客帶來的利潤不如預期等）？檢驗你的銷售及費用如何分類，搞懂那樣的決定對整個營業帶來何種影響。別只把這些數字當路標；深入探討，全盤掌握。

數字不會騙人，但你若只是把它們視為一堆數字而已，就是嚴重失職。往下挖，你會發現它們揭露了公司的營運腳本、發展重心和引爆點。透過數字，你可清楚得知公司至今的表現及未來航向，也能據以向員工、投資者與各關係人描繪清晰的藍圖，即便最終一幕仍然未知。

Rule 19 淨利只是概念，現金流量才是眞相

當淨利潤與現金流量出現差距，主要原因有二。第一，交易一旦發生，損益表即刻認列該筆銷售或營收，但實際款項可能要好一陣子才會進來，增加的不是現金，而是應收帳款。所以，儘管淨利潤顯示收益，創業者就會計層面是賺了錢，事實上卻還沒進入現金流量，無法花用。

這就是當損益表及應收帳款的成長遠超出現金流量時，成長太快反倒不妥的原因。淨收入與現金流量的這種不平衡，代表即便你在帳面上獲利，仍缺乏足夠的現金來擴充人力與物料。

所以，了解營運資金是非常重要的。營運資金的定義是：流動資產及負債的差距。假如你在三十天內付款給供應商，營收款在九十天後才會進來，你就得設法爲這中間的六十天找錢，才有現金繼續接單，這是所謂「正營運資

金」。如果你想快速成長，每期接單擴大兩倍，這筆錢也得兩倍成長。另一方面，假如你營收的錢在三十天內就進來，九十天後才支付供應商貨款，則每筆銷售都帶來更多現金，可供快速成長，可以說你是向供應商「借錢」以投資成長。這種鍊金術稱為「負營運資金」，亞馬遜開始販售書籍時，就是這樣玩現金流量的。所以，你的資金籌措策略與資金來源，端視你如何處理現金流量而定。你一開始就得深知自家商業模式的需求，據以規畫募資。

第二，淨利潤或利潤是相對武斷的數字，是對費用、營收先做了一些會計假設。另一方面，現金流量是客觀的確切數字，不受個人標準、判斷而產生任何變化。太多初期新創事業的財務長時間太多，不管現金流量，卻以一般公認會計原則計算營收與毛利率，模糊了營運資金與應收帳款時間拿捏的重要性。現金為王，要仔細計算，每天至少兩次。處於草創時期的公司，現金就是一切。

Rule 20 單位經濟效益點破幻象

如果你想打造眞正的企業，毛利率與淨利率非常重要，兩者在理想上都要經得起時間的考驗。假使你賺一塊錢，局面就掌握在你手中；賠一塊錢，掌舵者就變成投資者及債權人。

「單位經濟效益」（unit economics）這個概念很簡單。你的產品或服務每交易一次，有賺到錢嗎？先不考慮所有營運成本，假使產品成本兩美元，賣價一美元，單位經濟效益就是負一美元。如果你賣三美元，單位經濟效益就是正一美元。你要的就是正單位經濟效益，進而帶來正的邊際貢獻（contribution margin），亦即每筆交易貢獻給營運費用的額度，像是工程、行銷人員費用。如果你的單位經濟效益爲正，且能藉槓桿擴大規模——代表每提高一美元邊際貢獻，無須相對增加一美元營運費用——你就有機會建立眞正的企業。

沒有利潤的營收，只是費用而已。新創管理階層在評估利潤或單位經濟效益時，經常只看單一使用者；擬定計畫時，也只瞄準一種顧客、一種通路、一種需求。別以爲這就等於市場分析；這不過表示你一次可將產品賣給一位特定顧客，千萬別自欺欺人。把你的單位經濟效益假設放到產品的各種用途，以眞實的顧客與市場加以驗證，包含所有的附帶成本：運輸、保險、募資成本等，漏掉一樣就會扭曲結果，以致把營運焦點擺錯地方。

實務上而言，找出單位經濟效益的方式相當複雜多變，務必打造一個經得起時間考驗的模型，即便投入的成本有所改變，也能隨時做調整。若低估市場、顧客應用、區域條件等，對單位經濟效益造成的變化，會嚴重影響策略的擬定。平均值會讓你誤入歧途。

當單位經濟效益與策略相牴觸，常見的一個錯誤是，預期未來成本將隨著生產成本曲線下降，眼前的問題自然無疾而終。大多時候，這是異想天開的。沒錯，有些企業得靠門檻數量才能訂出理想價格與攤提，但你必須知道確切的數量，以及在那之前需要多少資金以撐過虧損成長期。假如你確定能取得資金養出可獲利的規模，投資短期非經濟成長當然沒問題。但你仍要充分了解所有的假設基礎，領略一切潛藏的風險。

許多人都搞不清楚「數量導向」與「技術導向」的單位經濟效益不一樣。前者幾乎處在人人熟知的生產成本下降曲線：產品成本隨數量增加而遞減，因爲勞動力效能提高、物料大量購買的折扣、設計改良精簡了所需零件、設備攤提更佳等。而技術導向的單位經濟效益卻很不同，費用調降得仰賴不確定的科技進展。要達到數量經濟，或許有一個出於理性的投資途徑，但想達到技術導向的經濟效益，最好瞄準高價、對成本比較不敏感的利基市場，待成本隨技術成熟而下降時再行擴張。

舉例來說，太陽能電池原本受限於材料科學所能達到的效能，儘管如此，它對某些高端市場仍極具價值，例如，其他電力來源都貴到無法可想的遠端機具。此時的較佳策略是先瞄準那種特殊客戶，並繼續研發可大幅提高效能的材料，繼而擴大市場；而非屈就目前的市場，降低現有晶片價格，造成虧損，一邊祈禱技術能出現躍進。

以爲數量成本必然下降的愚蠢假設，造成很多公司倒閉。每筆交易一定不能賠錢，否則絕對必輸。沒錯，附送刮鬍刀也許是一樁好生意，但前提是你必須確定顧客會購買夠多的刀片，使單位經濟效益組合成正。沒有人能靠大量出貨讓單位經濟效益由負轉正。若不能自律，市場會給你教訓。每一筆交易都讓資金流血，那可不是開玩笑的。競爭也許迫使你盡快擴張，但更多時候，腳步太快卻是源自沉不住氣、傲慢自大，或對單位經濟效益有錯誤的假設。了解眞正的單位經濟效益，就能建立不自掘墳墓的競爭策略。

Rule 21

假設營運資金是你的唯一資金

有效運用營運資金——流動資產與負債的差距——乃是新創募資的聖杯。無論正負，那不僅指出公司盡到短期財務義務的能力，也顯示它能否讓短期資產確實「幹活兒」。營運資金的管理，包含存貨管理與應收帳款、應付帳款的靈活操作，以及短期償債。記得要聚焦營運資金比例（working capital ratio，流動資產除以流動負債）、應收帳款回收率（collection ratio，平均收現期間比例是公司能否有效管理應收帳款的主要指標）、存貨週轉率（inventory turnover ratio，當期售出商品成本除以平均存貨，可看出存貨出清與補充的速度）。

仔細看一下這些數字。營運資金比例能說明你有多少現金支撐著發展。若比例下滑，就比較沒有現金可應付短期需求；比例升高，便可爲營運成長投資更多。提醒一下，如果你從顧客收現的速度勝過你付現給供應商的話，營運資金比例可能出現分數而非倍數，那實際上是快速發展企業募資的利多。找出你的商業模式可容許的範圍；若低於底線，立刻反應。應收帳款回收率讓你明白能多快拿到錢，及時察覺顧客拖款的情形。緊盯「應收帳款週轉天數」（days sales outstanding, DSO）：這個數字能點出你有不經濟（uneconomic）顧客的問題，也能及早指出目標市場出現壓力，務必如鷹隼般緊盯。處於數位商品時代，「存貨週轉」一詞似乎不合時宜，卻仍然非常重要。如果你出貨前得先將成品擺在倉庫，或生產前得將零件先存放在箱子裡，都會緊縮寶貴的資金，嚴重影響營運的成長與成功。對於商品得從海外船運的公司，若做一點簡單的改變，例如在目的地而非起運點交貨，便可省下龐大運費。存貨成長跟出貨一樣快或甚至更快，顯示了必須立即處理的銷售挑戰，如退貨太多或通路銷售窒礙。存貨週轉（即售出後補上新存貨）愈頻繁，公司的盈利愈健全。

業務成長需要現金，如果辦得到，從縮短營運資金循環、減少應收帳款週轉天數、提高存貨週轉來釋出現金，會是最便宜的辦法。良好的營運資金管理也代表高度的財務紀律，看在各方關係人眼中，將是你後續募資的無價資產。

Rule 22
採用最嚴格的財務紀律

你採用的商業模式會直接影響募資的手法。每個月的燒錢率毫無疑問應該降至最低，但某些計畫又需要格外不同的組織優先權。某些神經緊繃的創投者在營運循環走到低點時，經常發出勒令，要你立刻按其要求降低燒錢率，否則束手等死。老實說，那很愚蠢。沒錯，時機不好是該降低燒錢率，但要降到什麼程度，看你處於何種產業、公司發展到什麼階段。

舉例來說，相較於尋求治癌藥物的生命科學企業或探向火星的火箭公司，行動應用程式公司的錢就沒燒得那麼快。風險報酬係數不同，所以每個月的現金燃燒率沒有定數，而是要從潛在投資者的角度去看，這個計畫是否合理、值不值得下注。

某些業態就是無法顯著刪減費用，因爲固定成本龐大，若非要降到某個門檻不可，就得停止營運。你一開始就得明白自己是否踏入所謂的埃維爾．克尼韋爾（Evel Knievel）商業模式（一九七〇年代後期的機車冒險家，以飛越成排卡車、響尾蛇窩、大峽谷聞名）：需要龐大資金起飛，在到達於另一頭降落的門檻規模之前，沒有任何落地的機會。明白之後，就要合理控管財務策略。這類企業若非已達到正的單位經濟效益，恐怕難以撐過一場嚴峻風暴，所以你必須盡力籌措最多資金、時刻募資，然後像個嚴防寒冬的松鼠般省吃儉用。

商業模式會導致何種不同的企業文化，從老派半導體製造業及線上消費者軟體開發公司採用的財務紀律，便可見端倪。半導體公司的固定成本高，利潤低，自由資金少，必須採取最嚴格的財務紀律，錙銖必較。一個小失誤就可能翻船，燒錢率那麼高，不可能轉型。相對在光譜另一端的線上消費者軟體開發公司，毛利率極高，業界往往二元對立（產品受到青睞，要不就是死絕），懷著大起大落的心態，財務紀律相形之下沒那麼重要。

謹記新創事業的財務文化直接受到以下三點影響：一、財務及營運計畫流程；二、高層領導；三、財務紀律。新創事業往往不重視財務文化，尤其像軟體、線上服務這類低資本企業，一堆投資者捧著現金想讓他們坐擁規模，立於不敗之地。別管現金流量及利潤；當你衝到一定規模，這兩樣自然會過來。資金供需法則膨脹了這些新創事業的估值，儘管所需資本低，投資報酬也不高。因此，逆向投資者（contrarian investors）最好採取比較嚴格的財務紀律，追求沒那麼容易，但可能更豐碩的報酬。

Rule 23 節省再節省

僱用本性節省的人，太重要了。就像人們講的，無人看見時的所作所爲，才是眞本性。僱用節省的人能造福公司文化，你不必成天忙著捏緊成本、仰賴程序而非本性，或把財務部門變成討人厭的警察，進而破壞公司文化。

大公司制定許多流程，就是爲了確保大家做正確的事，但那會增加管理費用與成本，造成遞延，更扼殺了創新最需要的賦權與創意。所以趁著公司規模還小時，多仰賴文化，減少流程與督察。當天秤從文化傾向流程的那一天來臨，所有人都要嘆息；那也是最具創業精神的員工準備跳槽到更具創意的環境之時。

很不幸的，許多新創事業面臨一個事實：一旦人數超過三十人左右，成本便似乎不成比例地大幅度增加。一般來說，全部營運費用的三分之二到四分之三與人事相關。因此，要控制成本，就得先留意員工數量，節省聘僱，保持精簡。

身爲執行長，你要握有職位開缺的核准權，這會對想要繼續找人的主管形成阻礙；若他們無法證明實有所需，就不會再任意嘗試。你盡量精簡人力，只在確實必要時投資新職務。這樣的節省態度必須由最高層示範，你要隨時以身作則。若員工看你隨意簽核開缺及費用申請，必然有樣學樣。所有合約，從律師、印刷廠、會計師到顧問等，都應該仔細審閱、修正、質疑，各方都要負起責任。做好榜樣，員工自會效法。

某大企業的日本老闆，經常把屬下呈上來的費用單批字退回，質疑一些看似無關緊要的小差異。儘管大家不懂老闆怎麼會把時間浪費在這些芝麻小事，卻也開始認眞核對所有帳目，變得更仔細精確。這位老闆後來透露，他是刻意如此，以建立一種文化標準。實際上，他沒有一一檢查，而是大略找出一、兩個誤差之處，並批註問題退回。他曉得，當大家認爲連他都有時間檢核最細微的成本，底下的團隊也將會如此。

錙銖必較、「精瘦」營運。重點不在於你花多少錢，而在於你怎麼花。建立一座稀有金屬提煉廠，要比架設一個聊天網站貴上許多，卻不意味著哪家新創公司無須力求節省。

Rule 24 欲到達彼岸，得先知道彼岸在哪裡

新創事業在初期總是能量滿滿，流程很少。你憑著意志解決問題，也許不中看，但確實有進展。你得非常清楚，哪些部分可以先得過且過，晚點再修；哪些部分則得徹底做好。舉例而言，在營運還不見起色的階段，投資應收帳款或顧客服務自動化，可能不盡合理；而打造可靠、有擴大潛力的平台技術，則或許一開始就有其必要，這樣將來才有加速發展的動能。

隨著營運逐漸成熟，你的一個重要責任就是確立適合的評量架構，以澄清公司的一、目標；二、時程；三、進展；四、責任。你要專注目標，根據產品階段與商業週期，去除不同的風險。藉著評量，你讓團隊聚焦於重要目標；並暗示著那些不去評量的目標沒那麼重要。

爲了有效執行進階式財務策略——就是先募到足夠資金以解決眼前白熱化

風險，之後再回到市場籌措更多，獲得較高估值，以化解下個階段的風險——這些評量工具是否精準，相當重要。財務策略全仰賴於此，萬一評量錯誤的項目，不僅浪費時間資源，也沒能化解風險，提高價值。依據預期評量與計畫，執行得愈好，公司成功的機率就會倍數躍增，募資亦然。

不用說，計畫應該屬於團隊，並非執行長一人，一定要全體認同，賦權與責任才會發揮。要評量什麼、評量到什麼程度、以何種方式評量，公司型態及發展階段是主要決定因素。

記住：成功源自於把一件事做到極好，再適度擴展。任何形式的績效評量，是要確認公司在特定時間內走到哪裡，然後再決定如何評量公司是否達到目標。過渡步驟會是怎樣？一路下來，你如何界定成功？

首先，確認核心事業假設，這是你必須評量的。再來，決定未來每個階段該有哪些適合的度量（metrics），以確保進展順利。這些是你的目標。舉例而言，若公司營運必須吸引終身價值比你的行銷成本大過三倍的顧客，你就要小心評量顧客終身價值（customer lifetime value, LTV）與顧客取得成本

（customer acquisition costs, CAC）。萬一出現偏差，你要採取行動。若沒有評量，就無以得知進展；不知道進展，又如何學習、改進及調整？這個進行、評量、學習和修正的週期走得愈快，公司愈有競爭力。

要讓這些事項有效運作，最好建立鐵律，並設定明確尺度，否則，聰明的員工會鑽漏洞，評量將遭到扭曲。舉例來說，你希望跟顧客獨家往來，還是擁抱所有機會？如果你評量每位顧客帶進的收入，業務員可能就做幾個大公司的獨家生意；如果你評量新顧客的數量，業務員可能找些便宜簡單的非獨家生意。執行要明確且堅定，否則後果會完全相反。知道何者不為，跟知道整體目標同樣重要。

想了解更多目標執行與關鍵成果，我們建議閱讀約翰．杜爾（John Doerr）寫的《衡量要事》（*Measure What Matters*）。

Rule 25 小心評量陷阱

過早引用嚴格評量準則的問題是，可能讓公司陷入不正確的假設。太精確的關鍵績效指標（key performance indicators, KPIs）及目標與關鍵成果（objectives and key results, OKRs），可能會成爲新創事業的束縛。處於草創時期，你應著重於有彈性的企業儀表板（dashboards），有方法地引導實驗，測試種種假設，而非矢志達到所有預設目標不可。這意味著不僅要測試技術或產品面的假設，你對市場、顧客、價值主張、鋪貨通路等假設，也應該做實驗。推翻錯誤的假設，其重要性絕不下於建立可評量的營運計畫。

你的前五年營運計畫通常被擬定於利潤或營收或顧客出現之前，甚至在有產品或服務之前。如果它被證明爲眞，那只說明了你很走運，不是聰明。你還沒有足夠資訊展現聰明。儘管大家都說，幸運要比聰明好，你和投資者可不能只仰賴運氣，所以你得盡快學得更聰明，那意味著要先做出審慎的假設，並盡快地、便宜地測試。依靠你的直覺——但不是莽撞躁動，而是以資訊為基礎的直覺——不斷地評量，予以確認。

首先，清楚傳達你的假設，尤其是「信仰之躍」，那是你取得成功不可或缺的要素。你的這些信念是什麼？要回答這個問題，你得先嚴格審視自己的想法與計畫，確認哪些事項必須成立才有可能達成。接著，你研究過去到現在各種相關點子與企業，了解其成敗因素。別以為你是這條路上的獨行俠，其他人絕對做過相關的嘗試，或試過某些面向。

從他人的成敗中學得教訓，是最省錢也最快速的途徑。舉例來說，蘋果公司可能從索尼隨身聽（Walkman）的成功與Napster（譯注：線上點對點音樂共享服務。）的失敗，學到很多可攜式音樂播放器的門道。成功者即為你的類比教材，是支持你某些重要假設的案例；失敗者成為你的負面教材，這些案例點出你假設中的缺點，促使你搜集更多資訊或修正你的計畫。最終的成果，就是你那極為重要、非生即死、僅藉研究無以回答，必須透過嘗試及犯錯才能驗證的假設，也就是你的信仰之躍。

再來就要設計出簡單、快速、便宜、可評量的「測試」，以驗證或推翻這些信仰之躍。**記住**：確認某項假設為錯，其重要性絕不下於證明某假設為眞的所謂「成功」，只要你能據以修正，快速回應。趁著犯錯代價仍低，立刻行動，別等到發現自己老是把時間浪擲在一條死路時才去做。解決眼前的信仰之躍，隨著營運演進，你將看到新的信仰之躍浮現。持續驗證焦點明確的儀表板，對這些信念進行確認、測試、評量及修正。

只有在產品及市場證實可行時，你才應該考慮採用更嚴謹的度量手段，像是平衡計分卡、目標與關鍵成果。太早鎖定計畫與評量指標，可能讓你投身於失敗道路，或是代價同樣大的次優道路：成功會出現，但是效益不足。後者其實最危險，因為初期成果會讓你誤以為自己的假設正確，實則不然。

Rule 26 營運受挫，即時大砍，不可遲疑

營運上遇到不可避免的挫敗時，最佳建議就是拿出魄力，及早劈砍，才有續戰的機會。迅速轉型或暫停腳步，重新展開新一輪儀表板測試，以找出下一條道路。無論如何，當機立斷。飽嘗營運挫敗的創業者常說，他們最後悔的事情之一就是，砍得太遲或太輕。當你下手後不得不再劈一次時，你的利益關係人會失去信心，員工將棄你而去。商場上沒有多少眞理，但這一項你得牢記：每次你打算緊縮或改弦更張，總會希望自己提早一步做，畢竟所有資訊一直在那裡，爲什麼你視而不見？是固執，還是癡人說夢？而寶貴的光陰或金錢，卻再也喚不回。

經驗不足的營運者可能覺得，砍得太重，將會濺出一些價值掉在地上。但若不斷釘截鐵，你全部的價值都將掉落。你得把自己想像成第一個抵達車禍現

場的救援者，必須冷靜評估全局，權衡輕重，照顧每個「傷者」或機會，全神貫注於你所擅長之事。止血（現金之血），爭取時間以回到正確的道路，即便那意味著你得先停止償債、重談應付帳款條件等。只要手上有現金，就一息尚存仍有機會，要明智善用。

舉一個好例子：某上市公司遇到重大的現金危機。該公司必須償還鉅額貸款給一家戰略型投資者，後者的執行長也正列席董事會之中。董事會一名老手看了螢幕上的財務數字後，指著償債那一欄，對鄰座那位戰略型投資公司執行長說：「顯然在我們脫離險境之前，沒辦法支付這些債務。你說，我們能做什麼以交換延期償付？」那位執行長既驚且怒，深知自己回公司後得跟董事會交代，但最終仍做出讓步。

有時候，擁有權十分之九是法律，剩下就是律師及訴訟費的糾葛。現金——聽清楚，你手上的現金——是你公司的氧氣，遇難時你得快刀斬亂麻，保留每一口氣息。只要撐過這道難關，日後自能向債權人交代。眼下不是慈善時分，要發揮決斷效能，力求生存。

Rule 27 驚喜留到生日派對，別送股東這個東西

出於超級樂觀的本性，早期投資者常難以相信他們投資的新創事業會與目標脫節、開始循環往下，或必須轉型。即便危機早有跡可循，並非一夕爆發，這類反應仍屢見不鮮。你得負責把壞消息告知投資者。但是，你該怎麼做？

你每天面對這些問題、檢視所有指標，比誰都清楚眼前的各種困境，可能就以為董事會也同樣瞭然。實情是，多數董事一個月只花幾小時心思在你的公司，恐怕不太有感於這個問題。再者，許多早期投資者欠缺足夠的創業經驗，以為自己投資的是牢不可破的堅實計畫，而不是一個從事龐大實驗的團隊。當這項計畫無法開花結果，大概會使他們瞠目結舌。你所說的內容，可能跟投資者聽進去的大相逕庭。

跟整個董事會一起進行儀表板檢測（規畫假設測試，擬定特定指標與回應），他們自會理解你在測試什麼、有何收穫，並在你修正時，幫助避免產生可能的誤解。別等到開董事會會議時才分享重要資訊，不妨按週或按月提供關鍵績效指標報告，並附上過去歷史資料與原定目標的比較及文字說明，好讓所有人獲得共識。

危機來臨時，倘若董事們、投資者、貸款人各自出面評估公司的處境，卻腳步不一，容易導致關鍵決策延誤。當時間如此迫切，持續坦誠的溝通有助於維持共識，即時因應。切勿等到開董事會時才讓大家吃驚。一路走來，隨時讓各方關係人了解公司的狀況。以電子郵件、面對面、電話等方式溝通。尤其在危機發生時，你要跟每位董事一一對談，如此可根據每個人在乎的層面掌握談話重點，才有利於董事會做出正確的決定。沒錯，這很花時間，但與所有關係人維繫互信至為重要，在任何階段都是如此，更別說將來你勢必會遇到新的障礙與轉折點，當然也需要董事會與投資者的不離不棄。

Rule 28 一線生機：策略性轉型

發生危機時，有見識的投資者期待看到一個理性、能把資金效能發揮到極致的計畫。你必須能夠回答投資者，你有辦法以充滿魅力、能夠永續的生意，堅定地帶領團隊破繭而出。你必須備妥方案，證明決心，而非只是懇求他們寬容，一邊祈禱風暴趕快過去。就像華倫・巴菲特（Warren Buffett）所言：「能幹的管理團隊對付惡名昭彰的企業時，通常是後者占上風。」生意搖搖欲墜，純粹是單一事件加上運氣不好？還是因爲商業模式不對，以及計畫毫不可行？這兩種情況南轅北轍，需要全然不同的手法應對。

如果你的生意依然令人信服，只是得進行策略大轉型，恐怕也得重新調整資本，接受降低很多的估值。藉由過橋貸款（bridge loan）或內部人輪（insider round，現有投資者吐出更多錢，而沒有新的投資者來認可價格）以維持較高估值，恐怕一點也說不過去；設立錯誤的獎勵機制與融資架構，也只是讓最終的重新調整（realignment）變得更複雜。

看似矛盾，但轉型可以是一大契機：倦怠的投資者可以選擇收手，賣掉股份，新投資者則獲得注資支持公司新策略的機會。別把這種情況視為挫敗，它不過是你必須破解的另一道謎題，以便為公司與關係人打造新的價值。

你的目標是獲得成功，而非清償。假如董事們眼看情勢不妙便想走人，或投資者想跟公司撇清關係，讓他們離開是最佳的選擇。好的新投資者理解，資金起伏自會驅離疲倦的投資客，而某人的出手點，正好是其他投資者的購買良機。

儘管轉型在所難免，卻不能老是以這招魚躍接球來挽救營運。太常轉型的公司會讓投資者與員工暈眩，磨損關係人的支持力道。

Part
2

精挑細選投資者
Selecting the Right Investors

在上一部中，我們為打造成功永續事業的基礎列出了方針。

在這一部分所談的規則，則是為你的新創事業選擇最佳投資者。契合度非常重要，似乎所有人都垂涎創投，然而那真的適合你嗎？如果是，該如何從中挑選對的業者？孵化器（育成中心；Incubators）風靡一時，而你真的該加入嗎？戰略型投資者或許能提供暴風來襲時可依靠的肩膀，卻也帶來一堆棘手的問題。無論你打算如何處理，都要先做好功課。選擇於性格上、價值觀都能與你相契合的夥伴，確保他們信譽良好。每位投資者各有特定的目標及屬性，彼此是否契合，影響公司成敗至鉅。

Rule 29 陌生人給的錢不能拿

老媽說得對：**「提防要送東西給你的陌生人。」**在資本市場過熱時，你可能會遇到一堆想藉由你的成功而飛黃騰達的投資客。別再說報酬就像真的獨角獸那樣無從捉摸；投資者為了能沾上偶爾出現的巨大成功，就是敢投下大把賭注。可悲的是，絕大多數的新創事業終其有限的十年生涯，連向自己那幾位夥伴募來的本金都無法償還。儘管媒體有一堆聳動的報導，但究竟哪些新創事業眞正賺錢，實在令人玩味。大多數創業者倒了、大多數創投失敗了，然而勝出的吸引力實在太強，那僅有的幾個幸運兒就是會讓一般人把持不住。

投資組合報酬落後的絕望賭徒，不禁把錢投向名目市值龐大的明日之星，儘管眼前還看不到半點生意。撲克牌中，當「底池在望賠率」（poto odds）——底池籌碼相對於跟注所需籌碼——使玩家迷惑到一種程度，他們便會理智盡失，完全忘了能贏的眞實機率，那就値得擔心了。

你要盡其所能，提高自己晉身幸運贏家的機會。先仔細挑選夥伴，那正是初期投資者：你的夥伴。他們帶來的不只是現金，還有經驗及關係。如果他們還有技巧與判斷力，則其影響無遠弗屆。你得將種子栽入沃土，竭力營造成功的最佳環境。投資者與董事們是關鍵要素，精心挑選每位關係人，造就條件以激勵他們主動爲你做更多、走更遠。

別二話不說就接受第一個上門的投資者。充分了解你的全部選項，最好的創業者總是費時盡心，遠在需錢孔急之前便先跟潛在投資者打好交道。他們每天都在籌資，雖然還沒開口要支票。只要如此爲之，找到最速配對象的機會自然大增。卓越的募資人總是先發制人，絕不被動而爲。還有，他們絕對不跟陌生人拿錢。

Rule 30 可以用孵化器找投資人，但不能發展業務

孵化器已存有十年，遍布全球各地。在那裡，創業家可以併肩共事，廣獲建議，建立人脈，使點子落實爲可投資的新創事業。

當中最富盛名的可能要數Y Combinator，因爲它培育出這樣的企業——Airbnb、Dropbox、Zenefits（譯注：人力資源管理軟體公司。）、Stripe（譯注：線上付款服務公司。）等。它每年在舊金山灣區舉辦兩次創業服務活動，一次爲期三個月，創業者齊聚一堂，延伸創意，在最終的展演日（Demo Day），畢業生向各方創投家簡報營運計畫，募資達成率相當之高。

有些孵化器專精特定領域，如醫療保健或再生能源，其他則相對一般。投資者具有的共識是，雖然不能幫你建立偉大的公司，但可授與學位給提出殺手

級完美簡報的人。孵化器出身的學員，如同其他一流商學院的校友，十分活躍，也互相扶持。再者，孵化器能提供由投資者組成的聽眾群。

據說 Y Combinator 的某家新創公司直到展演日那一週，才把原先預定的營運型態改頭換面，而且直接使用之前準備的簡報內容，儘管業態完全不相干，但雙軸沒有標示的圖表仍呈現完美的曲棍球棒效應（hockey sticks），右端驟然升高，顯示終將引爆的市場接受度，完全就是 Y Combinator 的簡報特點。儘管採用風馬牛不相及的圖表，該團隊仍在簡報當天獲得投資者注資。無論故事真僞，你懂得其中的重點——尋覓投資者時，孵化器的價值不下於人脈關係。

Rule 31 除非別無他法，別碰風險創投

在媒體不斷炒作風險創投、新創事業、所謂獨角獸公司之下，你會以為創投就是公司募資的最佳選擇。畢竟，相較於貸款或親友等資金來源，創投家深知創業種種及風險，能提供多於金錢的援助以幫助公司成長。有時候，創投家因報酬傑出而大紅大紫，彷彿成功果實是他們一手打造，那就好比足球員達陣時，高層包廂裡的名流跟著手舞足蹈（如果你不熟悉美式足球：那是球員得分後激烈捶胸、比手劃腳做出各式滑稽舞步之時）。但，你要提高警覺。

記住：創投不是免費給你資金，代價是取得公司相當比例的股權。免不了的是，你賣出愈少，他們持股愈少，恐怕你得到他們給予的時間與「附加價值」的關注也就愈少。所以，即便吸引到好的創投者，你也要有心理準備將割捨公司的一塊肉。你不只在籌錢，也在出售擁有權。

隨著那個擁有權而來的，是一堆治理條款與特許權。創投者將控制你能不能做哪些事情，諸如賣掉公司或發行新股。你會被要求慢慢執行你的認股權，以平衡你跟他們所獲得的獎勵，儘管實際上那些股份早就是你的。

更常見的是，領投創投會要求董事會席次。而且，他們也經常打造出一個讓你剩沒多少投票權的董事會。身為董事會成員，他們將握有一堆管控你日常行事的權力，甚至包括把你開除、找人頂替你的位置。你不只是替自己增添夥伴，而是在為自己僱老闆。

創投者會從獲利豐厚的投資中，分配股票與現金給它的有限合夥人投資者，也就是那些捐贈、退休基金和有錢金主。不這麼做，他們就拿不到下次的資金；那些資金將要用來投資更多新創事業。當你接受了創投，也就同時接受了這個責任：在某個合理期間內，比方四年到六年，將以公開發行股票或現金，給予投資者變現性。要是你沒興趣追求變現性，或是還不確定是否要往這個方向走，你就不適合找創投。

還有，創投者強烈傾向於擴大規模，或許這也是你找創投的第一個原因。

但再想清楚，你把所有的蛋擺在同一個籃子，創投則是有各種組合的蛋，他們不斷追逐獨角獸與黑天鵝，以彌補其他破掉的蛋。沒錯，創投者或許樂意在你的公司賭一把，說不定有機會爲其投資組合注入可觀的報酬。這在理論上聽起來不錯，但如果你的眼光比他們長遠，便可預見這一路下去，雙方對於應承受多少風險、該多快進行擴張，會產生多少歧見。

最後再問問自己：公司在這個階段，是否眞能善用創投者？假如你無需憑藉機構資金之力，便能化解「信仰之躍」（你對公司生死攸關的假設）的風險，那可能先別考慮創投比較好。換言之，你可以自資（self-fund）成長。如果沒有接受創投者挹注，而早期努力不見成效，你可以輕鬆退場。反之，如果公司漸上軌道，也能以更理想的條件吸引一流的創投者。

儘管他們當初說得天花亂墜，將爲公司帶來的不只是資金等，但許多創投並未實現那些「附加價值服務」。對他們的行銷術語，別全部信以爲眞。不過，最棒的創投業者確實能在許多方面帶來對手難以企及的優勢，包括招募人才、策略結盟、募集更多資本貸款、提升能見度、建立你的可信度。要確保他們在你需要時，眞能滿足你的需求。

創投者可能很善變。他們必須管理一堆投資組合，自然得把時間、金錢和關注力放在報酬最高的新創事業，而不是擺在那些苦苦尋覓方向者身上。當初開支票時，他們確實愛你，一旦風向不對，他們仍然會在那兒嗎？如果不，那可是會對員工、潛在投資者和其他關係人送出負面訊息的。

或許你有辦法取得其他比較容易管理的資金，像是願意即時或提前付費的顧客。如果你能夠迅速取得正現金流量，不致偏離核心策略，拖延發展的腳步，就沒必要找創投募資，因爲連帶可能產生的問題其實不少。或許你能找到一家錢很多、點子很爛的公司合併，以你的優異點子把它帶往新的方向；或許你能透過群眾募資，獲得足夠的錢來證明自己的信念。總之，取得資金的管道所在多有。

事實是，多數新創事業從沒接受創投者，而另一方面，多數估值很高的成功新創事業則有。即便不靠創投而發展多年的新創事業，也常在自己對擴張及變現性的看法與對方符合的時間點，接納了創投者。

創投者可以帶來經驗、關係、指導及無價的技巧，讓信念變成一門生意，引導創業者成為一名領袖。對公司而言，或許不是完美選擇，卻是最佳方案。所以，謹慎選擇，弄清楚自己會得到什麼。

Rule 32 要找風險創投，務必挑對類型

光是在美國，新創公司就有九百家左右，創投則大概有三、四倍之譜。若再加上避險基金、海外基金、公司基金、對草創公司有興趣的投資者，就不難想像要區分創投型態之不易。冒著得罪某些人的危險，我們認為創投大概不脫下列幾大類：

1. 主題型（thematic）投資者：這類創投家研究趨勢，尋遍領域，得出未來重大機會將在何處的論點。他們分析，鐵口直斷，以行動證明自己的信念。他們會主動接觸符合這些主題的新創事業，也相對付出時間和精力。這種類型很好辨認，因為他們經常公開發表對下一波重大趨勢的主張。假如你符合，就有機會獲得投資，如果不符，機會就很渺茫。好消息是，主題型投資者能

提供你坦率的策略建言與行銷智慧。壞消息是，他們可能深信自己對這類事情的判斷優於你。

2. **領域型（domain）投資者**：這類創投家往往有特定產業的營運經驗，像是半導體、醫療保健、金融服務（金融科技／fintech）。基於對這些領域的知識，他們會從中尋找正努力發展、在錯誤之處找答案的新創事業。好消息是，如果你的公司處在這類投資者著重的領域，那再契合不過了，他們可帶來不少經驗值與人脈關係。壞消息是，他們可能受限於自身經驗，而抗拒你那具破壞性的嶄新主意。

3. **數據型（quant）投資者**：顧名思義，這類型創投家仰賴確切資料以做爲指引。這是比較近期的現象，與大數據的興起有關，還有社交媒體及線上追蹤。所以他們相對比較年輕。他們搜集並分析大批最新資料，找出明日之星，有點像類比時代《告示牌》（*Billboard*）音樂排行榜昭示最流行的歌曲及樂手一樣，只是如今，類比由電腦及演算法取代。這些創投業者侵略性強，只要掌握相關數據，並沒有興趣深究你或你的公司。在你的財報足以說服成長型投資者之前，他們已經從資料呈現的趨勢找出轉折點並做出結論。好消息是，數據型投資者是對成長孜孜不倦的勤勉學生，可為公司帶進那樣的角度與技巧，讓你充分利用各種數位成長工具。壞消息是，他們往往缺乏營運直覺，無法提供策略和執行面的幫助。

4. 人本（people）投資者：這類創投家相當老派，老到重新又紅了起來。他們並不自以為比這批探索新世界的創業家聰明，所以不會偏重自身理論。他們或許具備特定領域的專業，但創投資歷已經超越其上，於是被迫迷航於未知領域。他們喜愛數字，卻深知在公司初期所有數字都不可信，反而會騙人。所以他們只仰賴歲月經驗教會他們的：判斷一個人品格的能力。聽著那些前仆後繼的創業者闡述解決某樣問題的願景，他們會看出端倪。假如你談的問題夠大又有趣，方法饒富新意且深受顧客歡迎，本身具備成為傑出領袖的才智、毅力、勇氣及熱情，你可能就很適合他。好消息是，重視人的投資者極看重人才，會熱切地想幫助你的團隊。他們從人的角度面對困難；公司光是成功並不夠，他們希望讓創業者、投資者與公司攜手跨過終點線。壞消息是，對於任何你需要協助的事，他們恐怕都不是專家。

5. 成長型（growth）投資者：這類投資者專精後期創業公司，雖然也會涉足新創。他們是厲害的財務分析師，以各種複雜模型測試營運計畫的敏感度。所以他們通常希望在出手前先看到扎實的財務數據，還有足夠的營運歷史，以證明這些數字有意義。原則上，你的年營業額至少得達一千萬美元，才能獲得美國一家成長型投資者的垂青。他們經過仔細分析，賭你公司的成長曲線將出現的轉變。好消息是，成長型投資者擅長財務架構，對公司未來強化流動性極有幫助。壞消息是，他們是分析家，不是營運師，所以看法也容易出現偏頗。

這五種創投都可能是很棒的投資者。根據彼此的契合度與化學作用，也可能是很有建設性的董事及夥伴。你必須做的功課，就是弄清楚自己需要哪種創投，才知道如何汲取最大價值。

Rule 33 面對投資者，認真做盡職調查

你即將與某投資者步入長期關係，所以務必做好仔細的背景調查。我們不在這裡用什麼陳腐的比喻來形容這段關係，只想說：做好你的功課。想辦法會見他們所投資公司的執行長，甚至財務長、過去的合夥人、之前的同事，並搜集所有真實情報，基金規模如何？已經投資了多少錢？打算用於你公司的可投資水位？是否支持後續投資輪？他們可曾主導後續輪次？他們對成功的定義（兩倍收益？十倍收益？或兩者之間的某個倍數？）過往如何面對失敗：情況不妙時，他們會繼續支持創業者，還是一腳把對方踢開？

你也要記得去找他們投資失敗的新創公司談談，別只找成功的金雞母。請對方以實例說明，投資者曾經如何幫助處於類似產業、類似階段的新創公司。更重要的是，他們面對挫敗或計畫改變時有何反應。

傻錢到處都是，優渥條件與容易成交，讓它們看起來頗吸引人。但是，聰明錢才能提高價值、伴你克服挑戰、必要時捲起袖子與你共同奮戰。即便提出的估值較低，聰明錢卻更有價值。

記住：最重要的不是這段夥伴關係，而是投資公司裡的那位合夥人；若主合夥人有權動用公司資源，這個投資公司就屬於次等。對的夥伴了解營運計畫充滿變數，贊成納入新資訊、新機會的方向修正。對的夥伴，要比公司估值更重要。說到底，你不會幫團隊挑一個平庸的高層經理，只因他/她開價較低。無論哪個職位，你都要聘請頂尖人才，能夠顛覆局面的人，而非一旁揮旗吶喊的啦啦隊。選擇投資者時，也不能放低標準。

Rule 34 個人財富≠理想投資

想像一位知名的創投家，如此告訴眼前那位熱切的創業者，他有多麼風光：「我太了解這個遊戲了，絕對可以幫你。看看我的成績。當年是一九九〇年代末期，毫無經驗的我們把營運計畫寫在一張餐巾紙上，結果創投就紛至沓來。在一九九九年科技泡沫期間上市前，連一次貨都沒出過。我們的股票發行首日就翻了三倍，六個月內，美國線上（AOL）以高額溢價吃下我們，當年我二十二歲，一夕之間成爲身價六千萬美元的多金男。經過幾十年新創投資，如今我不只八千萬美元身價，你可以說我能點石成金。」

好！我們來算一下：沒錯，他在一九九九年中了大獎，但之後將近十七年內，他的投資只賺進兩千萬美元，大約一年獲利一．七%，但平均通膨不只二%。就算最有保障、也最保守的國庫券，在那段期間的一年收益率也在一．

六％到六％之間。因此，他口中的成就，是一家從沒出過貨、沒賺過一塊錢的公司，在非理性的狂熱市場首次公開募股（IPO），並在科技泡沫化前幸運地賣掉公司，之後的投資報酬只跟得上最平緩的國庫券收益率。

實際上，就算懂得乘風破浪的厲害投資者也會馬前失蹄。牛碰到牛市很棒，牛落到熊市就慘了。財富名利不盡然與聰明相關，也不見得跟投資本領成正比。人總是想從結果找到原因，但有時候就是沒有，而運氣卻複製不來。

所以，有辦法提供你公司所需要的經驗與支持的投資者，才是你要找的。你需要那位走過營運週期卻始終屹立不搖的；世事多變，你需要那位在變局中仍能把經驗用於不同產業技術的。優異的判斷力要勝過個人計分卡，你永遠不知那張卡片上的分數反映的究竟是才智本領，還是純粹運氣。

Rule 35

找有營運腦袋的投資人

成功的創投家應該有三個特點：一、能順暢提供交易流（deal flow）的強大網絡；二、優異的判斷；三、幫助投資對象與其創辦人順利開花結果。我們來看這些技能與你的需求如何搭配。

交易流與網絡，指的是投資者對創業者、新點子、人才與合夥人的掌握度，以及背後擁有的投資社群、顧問、投資夥伴、專家、戰略合夥人等。舉例來說，投資者的網絡是否有助於你找到最佳人才？他們是否跟戰略合夥人相熟，後者或許能注資、協助你的新創事業，甚至在適當時間點買下？投資者的信用能否幫助你吸引顧客，在後續輪順利募資？

所謂的優異判斷，是能挑選最佳投資標的，而非介入指揮你做決定。他們對投資的敏銳，完全不代表能否提供日常營運的協助；而這一點是在他們要求董事席次時，你要慎重評估的。

即便有強大的網絡及優異的判斷，投資者仍有一項可能更重要的門檻：是否具備營運經驗與技巧，可協助你率領公司開花結果？他可有那樣的人格，能伴你攜手團隊走過風暴？彼此是否相契合，可建立充滿信賴、尊重和信心的良好關係？

投資新創事業，太常被描繪成買樂透一般，一將功成萬骨枯。愈來愈多投資者的組合策略純粹只參考統計值，不考慮對象的經營能力。

確實，太多時候未經世事的新創公司遇到麻煩，投資者無能爲力，因爲他們本身也沒有相關經驗。打從新創模式「發明」以來，幾乎所有新創公司都碰過難以獲得董事會及投資者密切支持的困擾。因此，投資夥伴的營運經驗非常重要。如果對方從沒當過領薪族，千萬別讓他成爲你的領投者（lead investor），否則他們就是無法體會你經歷的一切。

對其合夥人而言，創投業者要先站在投資者角度，再站在營運者立場。但對你而言，他們必須先有營運者立場，然後才是投資者身分。你要的不是了不起的投資者；你要的是有本領的經營夥伴。頂尖投資者也無法助你成功，除非他們在顯赫績效的背後眞有經營實力。確保投資者能與你同享榮華，共度患難；有強大的勇氣和毅力，支持你在關鍵時刻做出必要的決定。

Rule 36 直接對上決策者

創投業者規模不一，但整體說來是投資專家與投資經理人所組成。這些經理人的頭銜或許響亮，卻沒有投資決策權。你要把心力用在決策者身上，而非步兵。太多創業者把時間浪費在投資公司的資淺人員。一家頂尖投資企業忽然打電話來說想多認識你的公司，常讓創業者驚喜莫名，但很遺憾的，對方往往只是在搜集你跟所有對手的資訊而已。通常他們派新人四處探勘，卻沒發給狩獵證，那只是一絲興趣。所以，除非決策者在場且專注，否則千萬別答應接受盡職調查。你的時間比對方重要太多。

新人可能相當聰明，也許有本領可嗅出市場風向、窺見大好良機，但恐怕也欠缺能正確評估你公司潛力的重要經驗，以至於形成該創投企業對你的錯誤評價。若要製造第一印象，就找有決策權的人。在跟新人討論後，若對方還想繼續，請要求跟決策者對話。

如果你已經是某創投的投資對象，發現對方要以一名經理來頂替原本列席你董事會的合夥人，你應該立刻提高警覺。恐怕你要成為「投資棄兒」（orphaned investment）。無論新來的這位如何熱切，他們在公司內部的地位恐怕不足以為你獲得所要的關注與資源。這對後續募資決策有相當的影響。在關鍵時刻，務必設法重獲決策者的關愛，確保他們給予穩定的支持。

Rule
37 挑選穩定的投資人

我們兩人都看過，投資者能在多短的時間內策略大轉彎，例如原本的投資主力在生命科學或家電，忽然轉爲行動應用或企業軟體。投資者被比喻成不怎麼可愛的旅鼠，自有其道理。而募資進行到一半，對方的合夥人忽然跳槽，這種異動也有可能發生。

同理，成長型投資者也許基於對創投業眼紅而插旗新創事業，但一行駛不順便立刻撤資；戰略型投資者也是，每當公司修正策略，便馬上改變投資方向。這些投資者常自認不輸創投企業，等發現自己挑得不對、獲利不佳、無法壯大投資標的，立即消失得無影無蹤。新創事業在初期沒有過去的資料可供參考，相對上，投資有具體績效指標的成熟企業就容易許多。

新創事業難免撞牆，或私有企業成長較慢，因此，投資者的耐性、穩定和持續注資能力，就顯得非常重要。合夥對象要找能夠長期信賴者，至少要長到足夠讓你變得茁壯。

Rule 38 挑選能協助你將來募資的投資人

一個審愼規畫的首次募資，可為後續募資奠定大好的基礎。要知道，每次募資不僅是籌得可貴的資本，也是在為公司增添傳播生力軍及更多資金潛在來源。內部知情者透露的情報，極有助於打響你的名號，在後續輪帶進好投資者。品味相近的投資者多半相識，會自動形成同盟，相互交換標的與投資消息。如果可能，初期募資輪就引進一流創投者進入你的董事會，他們的網絡即可加入後續輪募資。

話雖如此，也許你認為更理想的情況，是由一位初期領投者包辦你未來所有的資金需求，讓你省下冗長的寶貴時間，也就是一次購足的意思。這麼做的話，也許你可以比較專注於經營，卻也會引發投資者過於單一化的問題，你只能聽見一種聲音，你與公司投射出的形象也只有一種。無論這位投資者多優秀，三個臭皮匠也勝過一個諸葛亮。再說，萬一情況變糟，你能仰賴的只有一家公司與它的感受，欠缺多元角度的觀點，投資基礎也顯得窄化。倘若在你需要時，這家單一投資者無法或不願意出手，你馬上得面臨財務風險。只有一位投資者，後續輪募資時將缺乏市場壓力，而無法訂出合理的價格及條件。

WhatsApp的每輪募資都由紅杉資本（Sequoia Capital）領投，最終答應臉書以近兩百億美元買下它，沒有人說這有何不妥之處。但仍要提醒你，爲求方便而付出的代價可能過高，建立有效結盟，之後總會有好處。

Rule 39 謹慎管理投資者聯盟

投資者中，共同投資者（co-investors）常以爲領投者自會幫忙這家新創公司，自己就不多投入什麼軟性資本。除了開會，平時很少聯繫，也不提供本身的資源與人脈。

當所有投資者的持股都不足以成爲領投者，情況就更讓人頭痛。投資者堅持擁有公司多少持股比例時，你也要堅持他們投入的時間與精力。缺乏優質領投者，恐怕你就得花大把時間，管理內部投資者的政治角力，應付風險創投。

別把領投者及首席董事（lead director）搞混。領投者制定募資條件，通常也握有董事席次。首席董事不見得是領投者（也許是，也許不是），負責協調董事會，扮演與你聯絡的窗口。

投資者聯盟很像委員會或大型艦隊，整體速度決定於最慢的那名成員。擁有大一點的投資者聯盟不見得不好，但你要慎選成員，賦予足夠的所有權給有熱忱的領投者，分配相當時間給每位投資者，要求他們投入你期待的價值。不妨這麼做：清楚表達你對每位投資者的期許，並跟領投者密切合作，以達成這些目標。

領投者相對應投入足夠的時間與精力帶領股東，負責交出集體貢獻。你要跟領投者密切合作，因爲他們在投資者面前是代表你，而在你面前則代表投資者。

Rule 40 資本密集新創事業，口袋要夠深

複雜的資本密集新創事業，遇到挫敗、發生延遲、需要比預期更多錢的狀況更多。舉例來說，生技業的價值創造成本非常高，多半必須等到法規核准之後，這段期間是冗長、充滿不確定性、代價高昂的一連串試驗。因此，生技產業許多未進臨床之前的募資，若不是來自特定大型投資者聯盟，就是爲了掌握創新而進行策略性投資的大藥廠，提供金錢專業讓新創事業挺過法定程序。時程的掌控不在你的手裡，延遲挫敗隨時可能出現，所以你需要投資者提供必要的資金。於是，這類投資者的一項重要條件便是能否撐過「交易疲勞」（deal fatigue）：有此狀況的投資者適應力不足，只希望一切按照原定計畫，能在短的不成比例的時間內完成。專精種子階段（seed-stage。譯注：指發想階段。）投資或消費性軟體的投資公司，很不適合生技業。

硬體新創事業的口袋也要夠深。研發這些概念驗證（proof-of-concept）產品的時間很長，營運成本很高，廠房設備營運所需的資金不比一般。相對頗高的燒錢率，使他們難以轉型。在這個什麼都講求數位的年代，仍有少數投資者有心投資優異的設備創新，爲這些公司提供所需的深口袋。你一定要確保投資者適合你的產業、新創風險、商業化時程和報酬特質。創業本身的問題已經夠多了，怨聲載道的投資者只會讓你更不好過。

Rule 41

戰略型投資者不好惹

荷包滿滿、創新不足的企業，經常成爲新創投資者。而除了投資，他們也提供專業知識、資源、認證，以及併購（merger-and-acquisition，譯注：立即買下某公司的全部股份，再併入自己的公司。）出場的潛在機會。有時，他們也與新創事業結爲夥伴，就其業務範圍提供特定機會，成爲你的灘頭客戶（譯注：指首批成交的客戶。）。

這聽起來頗吸引人，有時也確實如此。然而，跟戰略型投資者拿錢，並沒有那麼單純。

首先，投資階段很重要。如果目前你處在尚未製造產品（pre-product）或尚未開始銷售（pre-sales）的階段，你的策略仍充滿變數，最終的產品服務樣貌、價值主張、商業模式、目標市場和成長策略仍待敲定。倘若某個戰略型投資者覺得你的前景看好，他們會設想你最終策略的輪廓，跟他們自身策略的配合效果。他們可能視你為娛樂性軟體公司而投資，等下輪募資時卻發現你竟然成為家電企業。不難想見，這些改變會讓他們重新考慮是否繼續注資。

第二，戰略型投資者之所以有此名號，正因他們的投資是為了強化自身策略。問題是，他們的策略也可能會改變。所以，你也許仍是他們投資時的那家娛樂性軟體公司，但如今他們的策略卻需要尋覓家電夥伴。要讓這段關係產生最大的意義，你將面對兩層不可測、充滿變數的策略面。

再者，你的公司股權結構——或者更糟，董事會裡——坐著一位戰略型投資者，恐怕會讓其他公司避之唯恐不及，像是他們的競爭對手。你可能會發現，跟一位夥伴交好，其他人就開始跟你疏遠。如果打算併購，情況就更複雜；當其他公司懷疑對手有內線，就很難出現競爭性投標。所以，公司價值可能因引進戰略型投資者受限或折損。

戰略型投資者不是可靠的持續投資者，如果他們不參加後續募資輪，無異送出一則不利公司的訊號。

一般而言，戰略投資常伴有策略商務契約。戰略型投資者迷人之處在其不僅能送上現金，還讓你蒙受其公司、品牌、銷售通路和顧客所帶來的利益。然而，當他們的投資部門張臂歡迎你這家新創公司時，他們的業務部門卻可能備感威脅，或絲毫不感興趣。你可能發現自己在投資者的內部分歧中進退失據，也從未得到你以為會有的金錢之外經營幫助。

戰略型投資者存在的董事會中，在面臨某些敏感議題時會變得十分複雜弔詭，例如要跟其對手打交道或考慮他們提出的收購條件。相對的，戰略型投資者也可能掙扎於自身利益與對你肩負的信託義務之間。

接受戰略型投資者注資會帶來許多挑戰，這一點無須贅言。這可能很值得，他們會成為非常棒的夥伴，甚至成為理想收購者的例子所在多有，但你一定要先做好功課，從一開始就拿捏好這段關係。

Part 3

理想募資

The Ideal Fundraise

上一部涵蓋了挑選適當投資者的規則。

在這一部分，我們要分享為公司取得「最佳」募資之道。募資策略絕非各自獨立，而是要根據公司所處階段、績效、產業、總體經濟因素、投資者觀點等，仔細調整。而最重要者，必須跟你的商業模式與後續股票、債務、營運資金需求搭配，也必須考量各方的限制。募資工程曠日費時，當你四處籌錢，競爭對手則忙著獵才、贏取顧客、搶得關鍵利基。這一部分將助你掌控募資大局，使干擾降至最小，獲得最理想的成績。

Rule 42

分階段籌資，步步消除風險

大多數新創事業會在各個階段分別募資。你經常聽到「種子階段」、「第一輪」、「第二輪」、「成長階段」等，那些定義不斷地改變，但大體上是針對公司發展階段（產品前、銷售前、營收前等）與目標金額（初期較少，後期隨燒錢率而增加）。坦白說，這些階段既指出投資者不同的焦點——天使投資者著重於種子階段的新創公司，大型創投業者傾向成長階段的公司——也點出你的公司的成熟度。

為什麼要分階段籌錢？募資如此費時傷神，幹嘛不趁現在把全部資金一次弄到位？

首先，如果你太早拿到過多資金來化解信仰之躍的風險，代價極高；而你必須證明和完成的事情那麼多，又得在「一勞永逸」輪吸收所有股權稀釋，納入風險後的公司估值會低到讓你與團隊灰心喪志。簡單地說，一開始就想以漂亮價位募集全部資本的風險太大。

第二點是第一點的延伸，如果你依照各階段募資化解了當下的風險，後續輪投資者將願意以較高的價格拿出更多錢。一方面減低你與團隊面臨的股權稀釋，一方面讓你更具信心，知道如何妥善運用金錢以創造更大的價值。

第三，一勞永逸型的募資吸引不到什麼好投資者，當你一步步穩定解除危機，才有機會贏得頂尖投資者的尊敬。或許你以爲投資者只在乎撿便宜，但實際上，他們找的是潛在大贏家在風險調整後的最適當價格。在你端出成果前，倘若沒什麼特殊洞見讓投資者看好，他們寧可等待。帶領公司穩定運作，締造成功的生態系統，你的股權結構表及董事會就會出現更傑出的人才。

第四，太早拿到太多錢，會破壞自律，讓你偏離正軌。每隔幾年就回到市場募資，會驅使你專注重點，認清現實。當口袋無虞，你就不會認眞地測試假設，繳出技術，展示產品，確認市場，證明經濟效益之後才擴大規模。太多現金會讓你對重要市場的反應無感，漠視眼前的現實，硬是堅持只要努力就能證明自己，或許如此——但是，在每個階段坦誠面對這些問題，還是最健康的作法。

第五，有顧客之前，先有投資者。在市場能發聲之前，投資者就是最好的市場回饋。儘管他們的回饋不盡完美，但在你靠直覺瞎摸的創業初期，卻等同無價。依各階段募資的同時，傾聽投資者的回應，是非常有益的收穫。

事實上，當市場氣氛熱烈，投資者慨然先行高估你的公司價值，彷彿所有白熱化風險已經解除，那麼，一次募資到位也未嘗不是好事，但那不是萬靈丹。隨著危機化解、績效呈現，步步進行階段募資，才是爲公司保值、貫徹紀律的保險途徑。**記住**：每個後續輪，先前投資者只要不負責主導新的募資輪，就會成爲你同舟共濟的夥伴：跟你一樣期盼取得最好的投資者，得到最高價格，將股權稀釋降到最低。

依階段募資有一個不錯的練習：此輪募資一結束，立刻著手爲下輪寫一份十頁簡報。內容很簡單，扼要說明當這次募集的資金用完時，你期望看到哪些進展，打算強調哪些賣點。把標題串成故事，這會讓你全神貫注，聚焦重點，把握時間，善用資源，也敦促你時時不忘募資這樁長期大業。所以，假如你才剛募好第一輪，現在就是坐下來寫第二輪十頁大綱的時刻，這有助於你明訂里程碑，並確認你想羅致的投資者。

Rule 43 降低股權稀釋，不是募資的目標

在後續募資時要一直提高公司估值，可能讓你感到莫大的壓力。在私募資金時，能把這一點掛在嘴邊，令人驕傲。吹噓公司的獲利率與成果也曾令人自滿，但那不一樣。值得一提的是，私人持有的獨角獸公司並不存在，雖然有些投資者似乎忘了這一點。獨角獸公司要有變現性之後才會入凡成眞，那時候你才有錢可賺。

私募資金的估值，若有考量你公司的實際或潛在價值算是很好的，但通常融資環境與投資熱門趨勢，才是最直接的影響因素。如同任何市場，估值也有起伏。私募資金市場規模小、流動性差，不難想見對私人新創事業的估值必然十分主觀，震盪很大。很遺憾，效果往往兩極化，要不是公司很受歡迎、投資氣氛熱絡，就是公司完全冷門，幾乎無人問津。

所以，你務必事先謹慎擬好融資策略，設想一切能使現金流收支平衡之道，讓公司的掌控權在你手上，而非新的投資者。每一輪你都瞄準更高估值，以募集足夠資本讓公司成長，且後續募資時能持續抬高估值。

假如說，你這次選在市場泡沫時期募資，使公司估值來到極高點，後續輪可能必須下調，進而打擊到士氣與動能。其實下輪以較低估值融資沒什麼不妥，但在投資者、員工及顧客眼中觀感不佳，你不希望變得跟破損品一樣。估值下滑輪（down rounds，募資估值較前次爲低）有其代價：協議書裡有一段是根據目前的較低估值，調整之前的價格。所以你會受傷兩次：不僅此輪繼續稀釋，甚至溯及既往，稀釋到過往輪次。

一定要確實預期未來募資價格並做出估值，好讓公司價值水漲船高而非下滑，即便此輪得接受較低估值也划得來。別試圖衝到最高，最佳化就好，透過每輪募資使估值不斷上升，證明你的強烈動能。如果你擔心股權稀釋，可以稍微降低估值，少拿一點錢。

如果你決定接受泡沫估值，就盡量取得足夠支撐的資本，以免碰到估值下滑的募資局面。如果條件夠好，甚至可以考慮把原本要分幾輪募集的資本一次到位（然後省著花，別膨風）。

有些創業者爲了面子而做高估值，中間差異便以條件來談。那就看各方如何看待風險與可能的後果。萬一公司未達目標，你可以端出發行新股的棘輪條款（**ratchets**），以有效降低每股價格。但此舉相當危險，非不得已不該採行。因爲這會爲以後的募資設下惡例，嚴重扭曲管理團隊與投資者的利益。憑著棘輪條款，若公司短期做不好，投資者即可受益，你卻不然。如果你塡補估值差異的作法，是跟投資者保證回收倍數，你就是以一定的價格範圍限制了變現性，投資者因而可拿到數倍收益，你的員工卻分毫未得。

正確作法是捨棄所有財務工程，接受合理估值，就算那不是此刻能達到的最大值。這有點類似撞球：除了眼前這顆球，你也得爲下一擊做球。股權稀釋只是相對問題，錢快燒光，公司就完了，你現在就得思考下一回募資。

Rule 44

權宜之計，小心別成千古恨

投資者也好，貸款人、供應商也好，拿錢時一定要了解附帶條件，弄清楚這筆資本的「成本」是多少。如果你需要好幾輪募資，這一點就更顯重要。首輪立下的條件，之後極難去除。募資架構盡量簡單明瞭，如果你未從長遠著想，而是把每次募資當成單次作戰看待，可能會爲將來的道路設下重重路障。

我們認識的一家公司，爲了較高估値而讓出某些投票權，投資者遂可否決公司的某些決定，像是將來募資與達成變現。後續輪中，該公司嘗試拿掉該條款，但所有新投資者都堅持擁有類似的投票門檻，等於也握有否決權。於是，重要決策落到股東之手，而這個慘況其實原可避免，只要首輪募資時願意接受稍微低一些，卻沒有這些侵權條件的估値。

所有具爭議性的商業條款，最好都在投資協議書中解決，在商談決定性文件時，才不至於遭受更多突襲；尤其走到那個時刻，你將很難承受募資破局，只好任人宰割。這一點同樣適用於股權融資和舉債融資。

記住：做個聰明的談判者。你不是賣車，而是要吸引值得信賴的夥伴。協商的目的在解決問題，並非討價還價。清楚掌握自己需要什麼條件，別在其他地方浪費時間。明白投資者在乎哪些條件，盡可能滿足他們。焦土政策只會讓彼此的關係蒙上陰影，也不能帶來多大的好處。談判是讓雙方再次了解彼此性格、判斷及契合度的機會，如果你為碎屑吵鬧不休，沒有人會給你蛋糕的。

你不只在解決眼前的問題，也在為將來的難關做準備。如果一開始就把局面弄得複雜，等於自縛手腳。你要找的投資者必須能理解新創的風險概況與潛力，你要的關係人必須與你併肩作戰，而非糟蹋你的利益。例如，後期投資者入場代價較高，投資條件會以保護自己免受不利拖累為優先，而非與你共同奮鬥讓公司茁壯。這類條件多半不利於草創公司。如果一家新創公司具有徹底的破壞性，營運計畫需要的資金有限，市場又正火熱，它及早大賺出場的機會很高，就擁有挑選投資者、設定條件的權力。否則你就得步步為營，謹慎協商。

Rule 45 根據狀況，追求成本最低的資金

隨著業務成熟，現金流量逐漸可掌握，你的新創事業可能從純粹的股權融資，轉向借貸融資。但請記住，要讓來自營運的現金流量足以償還債務，這樣的轉變需要很高的信心。當創業者發現有人肯借錢卻不要求入股，便覺得這簡直是意外之財。等他看到還款日在即而營收還沒進來，燒錢率增高，偏偏現金快要見底，就會覺得是屋漏偏逢連夜雨。

處在執行風險及現金流不確定性仍高的階段，你要更保守一點，避免舉債經營，即便這種資本比較便宜。出售股權的代價雖高，但貸方卻會要求某些權利及保障，當公司經營不如你的預期（情況往往如此），這些要求將嚴重限縮你的選項。如果你碰了壁，得要瘦身硬撐，這些債務恐怕讓你沒本錢瘦到能健康燃燒的程度。

如果現金流無法負擔債務，那些保障貸款就開始像特別股一樣，有權要求你清算資產或公司來還債。這種擔保權益的優先權，在擁有特別股的股東、你、普通股股東之上。萬一你在到期日還不出錢，等於是把控制權交給貸方。

債務帶來的稅賦減免，對某些企業很有用。若公司肯定能夠償債，這確實是比較低廉的資金。但草創時期的你並非如此。盡量不要舉債，避免沉重租賃（期間較長的債務），專心憑股權融資，才是明智之舉。

Rule 46 留意風險債務陷阱

債務的種類很多，包括銀行貸款、租賃、風險債務等，不一而足。銀行貸款通常針對較成熟的企業，其現金流與獲利率都頗能掌握。銀行貸款利率相對較低，條件也較優。

租賃債務伴隨資產購入而生，這些資產可做爲貸款擔保。貸方或許是供應商，或許是第三方。當資產頗有價值，且容易轉手至貸方名下，則貸款條件會不錯，只是通常還要付頭期款、預付款（pre-payment）、後付款（post-payment）。相較於資產殘值，借貸人本身的存活能力倒是沒那麼重要，這對新創公司來說是好消息。

風險債務是一種特別貸款，針對高風險、尚未獲利、幾無現金流的新創事業而設。與租賃不同，這些錢可用來支付任何東西，也不享有資產擔保權益，所以條件可能很高。此類貸方往往要求無形資產的擔保權益，例如你的智慧財產；一旦發生違約的情況，他們即有壓倒性的優勢。

風險債務的優點似乎很強：一、拉長募資輪之間的時間，讓你較有餘裕可提高公司估值；二、讓股東保有較大部分股權，避免過多稀釋；三、盡早引入額外的資本，幫助公司達成階段性目標，進而為投資者更早實現流動性。它可用於應收帳款融資（factoring receivables，即尚未收到的應收帳款之預借現金）或提供營運資本。如果風險債務還可遞延本金或利息支付，似乎就更棒了；雖然就像那些「免頭期款，一年內免繳款」的汽車貸款，你終究還是得還錢。在完美的世界裡，風險債務有其迷人之處。

但這個世界並不完美，你得保留轉進、微調及修正目標的餘地，好回應前方的各種挑戰與風險。風險債務卻讓你動彈不得，債務高懸，你無法改弦更張，因為投資者只想投資價值創新之物，而非幫你清除舊債。當你面臨關卡，風險債務債權人將握有談判優勢，因為王牌在他們手中。

有些新創公司選擇先付費獲得風險債務的保障，擺著不動，直到機會出現，像是填補估值落差或現金缺口。但是你要小心，這種「事情壞了可拿來用的貸款」心態很危險，嚴格的重大不利變化條款（所謂MAC條款，material adverse change clauses，若公司有任何重大變化，可能導致貸方取消貸款），或最低存款、補償性餘額規定（開在貸方的帳戶中，必須保持一定額度，等於貸款被綁爲抵押，你拿不到錢），在這些貸款協議之下，恐怕在你最需要用錢的時候，偏偏喪失了資格。願者上鉤啊。

如果考慮過所有風險，你仍決定接受風險債務，請慎選。通常條件都有得比較，其中包括利息、還款時程、抵押品、未來以優惠價購買股票保證、貸款撤銷條件、融資契約等。而條件最佳的不見得最好，更重要的是，打聽一下貸方是否願意扶持公司度過風雨，而非斷絕援助，也就是要找所謂的關係型貸方。

相對於風險債務，創投租賃如果規畫得宜，會是成本低廉、風險有限的資本來源。那些價格不菲的電腦、辦公桌椅、生產設備，可以長期由租賃慢慢支付，不必以昂貴的風險債務在今天買單。

Rule 47

評估募資額度的四種方法

究竟該募多少資金，似乎一直是個難題。變數那麼多，有估值、燒錢率、重要目標、時間、股權稀釋等，單純的分析變得複雜。你的投資者也許希望此刻先募一點錢以化解重大危機，等估值提高之後再募多一點；你與團隊則想現在募多一點，一來解除壓力，二來提供擴張本錢。所幸，這裡有四種經過驗證的方法，讓你可快速判斷每回應募的額度。

1. 里程碑決定法

第一種方法最爲常見。從下而上建立一份財務規畫，決定需要多少資源，期間多長，以達成某些預設目標，讓你得以募集下輪資金或達到正現金流。這些里程碑是核心動力。如果計畫周延，確實知道所需，一一準時達成，你就不會有問題。而另一方面，你有可能嚴重低估所需要的時間和資源。世事難料，也就是不管你怎麼算出需要的數字，一定要再加一到五成以備不時之需。公司所處階段愈早，緩衝成數最好多一些。

另一方面，不確定性容易誤導你取得過多資源，過度膨脹計畫，造成快速燒錢，進而降低你應付突發變局的能力（例如總體經濟、募資環境、內部人員情緒的改變等）。要找出適當的平衡並不容易，那多半又取決於你個人對風險的胃納，以及公司獲得資金的能力。且不論這些缺點，每家新創事業都該由下往上，準備詳細的現金需求計畫，雖說各關係人顯然要能理解：隨著新的資訊進來，這份計畫勢必將改寫。

2. 燃燒率決定法

另一種驗證里程碑的方法是透過燃燒率。這要從上往下有效擬定計畫：先決定你認為合理的每月燃燒率與做出起碼成績所需的時間，再加上你估計走到下輪募資前的時間。把這些數字相乘，就可以算出募資金額。此方法評量成效的要素在於時間，而非里程碑。這最適合極初期的新創事業，像是種子階段。

運用這個方法最重要的是，正確評估你到下輪募資前所需的時間，也要算進一路上各種可能的失誤。你所估計的時間，勢必會隨著某些變數而異，像是：市場狀況、募到的額度、對眼前的展望、經營狀況，但一般來說，相差三至六個月算是合理。

燃燒率決定法好比將錢投入兩個籃子。右邊籃子放的是你要支出的錢，是爲了達成目標和減低風險所投資的錢。左邊籃子的錢是要回家的巴士費用，是準備下輪募資期間，確保一路順暢的錢。記得把所有費用納入每個月燃燒額度，包括薪資福利、租賃債務償還、固定成本（租金、水電瓦斯）、變動成本（行銷及業務），當然，爲了完成目標而進行的一切外部方案與顧問費也都在內。

這個方法的重點在於不超出預算。身爲初期新創公司，保持精簡肯定是優良守則。

3. 融資週期決定法

第三種辦法相對比較有彈性：根據產業與公司所處階段，設定某個融資週期。假設你覺得下輪募資從頭到尾六個月沒問題，你也想隨時保持至少六個月的營運資金，那就表示當現金用到只剩十二個月的額度時，你就要馬上募資補庫，能大幅度超過十二個月的用量最好。無論如何，你會一直努力確保銀行裡至少有可以撐十二個月的彈藥。假如現金低於這個水準而下輪募資還不見蹤影，就得漸漸緊縮成本以延長融資週期。你得慢慢精簡組織，避免驟然墜崖；要在金庫歸零前，管控好風險。

不過，使用這個方法需要相當的自制與毅力。本質上，你一直不斷調整燒錢率的走勢，努力依照目標，拚命不致墜地。當募資進行較預期緩慢時，這會是十分折磨人的策略，卻也讓公司根據現實緩和調整，不至於走到最後才猛砍費用。若採用這種方法，要盡量把營運費用放在變動成本而非固定成本，在真有必要縮減支出時，才不會傷到核心活動的筋骨。

4. 股權稀釋決定法

有時募資純粹反映了你與公司的熱門程度。如果你深受矚目，產業火熱，投資者大概只會忙不迭地把錢投向你。如果估值夠高，你可以撇下里程碑、燒錢率、融資週期等指標，考慮改用股權稀釋決定法。其實這是針對你要超額募集多少資金的分析，因爲多出來的部分實在太「便宜」。重點在於股權稀釋。先決定你在此輪願意稀釋的額度，乘上公司得到的高額估值，結果就是你準備募集的資金。

舉個例子，假如你需要一百萬美元，且認爲公司價值四百萬美元（公司增值前〔pre-money〕估值，即尚未納入所募資本），那你會準備出售百分之二十以籌得目標估值（一百萬除以五百萬；五百萬爲納入募得資本之後的增值後〔post-money〕估值）。若有人認爲你的公司估值可高到八百萬美元，以同樣兩成的稀釋水準，你可募得兩百萬美元，此時，也許你決定把稀釋上限訂在百分之十五，就只募到一百四十萬美元。這樣你應該有概念了。

接下來就要小心。有了這些多餘的錢，可別膨脹你原本的計畫，把錢存好，換取時間，以支撐更多的實驗。在需要下輪募資前獲得多一些成果，或打平現金流。你必須夠聰明。

採用里程碑決定法，你要設定績效限制。用燒錢率決定法，你要設定每個月的燒錢水準。使用融資週期決定法，你要設定時間上線。用股權稀釋決定法，你要解決稀釋問題。它們在實務上互相融合，你很可能採行前三種準則來募資，夠幸運的話，也許加上第四種。好好研究一下，了解什麼情況下最好採用哪一種。

Rule 48
夢想營運計畫隨身帶好

向投資者說明你的基礎計畫，但萬一他們問起，你要能隨時秀出你的野心大夢。在火燙的市場中，一堆野心勃勃的有錢投資客一直想出手，而非縮手。只要他們喜歡你的新創事業，有可能會問：多百分之二十五或五十，甚至百分之一百的資金，能讓你做哪些事。這時，你要能具體說明，若有更多錢，你能如何擴大或加快成功幅度。此時，若你能順利募集多一點錢，就可以早一點達成後期目標，將四年計畫順利縮短為三年。

這也有助於你與現有投資者，對於不同的募資展望、對應的股權稀釋、可能的加速成長等，得出共識。別把這與某些創業者或投資者的差勁建議混為一談；他們叫你提出過度樂觀的低價計畫（lowball plan）來引誘新投資者，那些不甘示弱的投資者便會提高價碼，進而達成你真正預期的金額。這很冒險，過低資金（lowball number）根本不足以達成目標，而且你是利用市場好鬥性格與超額認購為賭注，才能獲取最起碼的資金水準。

你要坦誠，也要聰明。

Rule 49 因消化不良而失敗的新創事業比餓死的多

募資太多時，可能形同詛咒。現金滿溢的初期新創公司容易失去專注，狂妄自大。**警告**：你也許認爲自己不會如此……但一定會。新創事業有點像金魚：要是餵太多，他們會吃到撐死。儘管資金分配的古典理論宣稱，投資者會等到資訊更充足時，再慢慢增加對某家新創事業的投資，但實際上，他們往往樂於提供太多錢，尤其市場過熱時。競爭、目標稀少，加上羊群效應（herd behavior），在驅使投資者奔往相同的標的。

理想上，投資者應在新創事業逐步降低風險之際，分階段徐徐注資。當你的表現給他們更多信心，他們得以依此調節投資額度；有限資源也迫使你的團隊在市場壓力的驅策下快速修正。

我們認識的一家新創公司，最近就浪費了整整一年與幾千萬美金，在顧客不經濟（non-economic，顧客願意支付的價格，永遠不及公司獲取他們的成本）的情況下擴大規模，原因就是出於龐大募資使他們盲目地追求成長，置現實於不顧。而它絕非特例。

太多資金會允許你無視於市場反應，尤其是負面反應；即便情況明顯惡化，你仍不知據實調整。再者，隨計畫膨脹而浪費的每分錢、每秒鐘，都會傷害內部資金報酬率，即便公司還未立即滅頂。**記住**：策略也許會隨著錢多錢少而改變，你卻不能因爲有更多錢而拋棄原則。讓每一塊錢徹底發揮它的效用，每天如此，貫徹始終。

Rule 50 募資的腳步不能停歇

經過一輪辛苦的募資後，你自然會想回頭專注於經營，等錢快燒完再設法取得更多「空氣」。但這不僅效率不佳，而且頗具風險。你的耳朵要隨時緊貼地面，將營運進度即時回報給投資者，這有助於你的下輪募資順利進行。

要知道，挑選投資者一事不能停歇，也須隨著公司的進展不斷進化。即便下輪募資還早，你也應該經常找人喝咖啡，聽取情報及給予資訊。在上一輪跳過你的投資者，若在這中間看到你已解決了他們最擔心的問題，或他們單純只是改變心意，可能就有興趣投資下一輪。你在募資過程碰到的每位理想夥伴，都要積極與他們保持聯繫。

投資者知道投資是一場關係遊戲，在投資前及早認識你，對他們是有幫助的。一旦你著手準備募資，他們有掌握先機的優勢，如果對情況滿意，甚至可能提出誘人的數目。你需要更多錢時，找對的投資者絕對輕鬆很多，因爲：一、你已經下過工夫確認他們的誠意，做了背景調查，了解他們對這個產業與你公司所處階段、所需資金的投資意願。二、對方已經認識你與團隊，觀察了你們的進展。

募資會那麼令人頭痛，主要是很多人直到最後一秒才四處打冷電話（cold call，譯注：陌生電話）。要找有心投資你的團隊的投資者，而非僅對你的產品或服務感興趣者。扎實的夥伴關係來自持續訪查適合的對象，等現金餘額快見底時才慌張行動，就只能進入一段壞關係。

Rule 51 風險創投會隨週期起伏

想嚐開胃小菜，只有把握菜傳到你面前的時機，過了可能就沒了，後面還不見得有正餐。我們知道創投會隨著週期運作，而許多創業者與投資者似乎不管這一點，只顧著按照自己的時程走。當環境適合募資時就要把握，即便你還不需要錢。如果投資者樂於出前瞻性價格（forward-price），也就是視你為已經克服風險、達成目標或財測那樣地給出價格，那麼你一定要聽聽看。

這不表示你就該接受不對的投資者以不對條件提供的資金，而是你得隨時預作準備，當資金最為充沛時加以把握。了解募資環境，意指了解目標投資者的偏好與手法，還有他們在此週期的情緒與策略。

別等到你的計畫走到必須募資時才行動，手邊隨時要有一串潛在候選人。他們偏好什麼樣的投資？哪些市場或產業？投資標的哪個階段？能給管理團隊注入顯著價值，臨危不亂？根據過往，他們是否能遵守承諾，依投資協議書注資？誰會出任主合夥人（lead partner），此人是否跟你的公司對盤？他們這筆資金會走到什麼階段？可有後續資金？還是即將用罄，準備向其有限合夥人再次募資？他們是野心勃勃、基金操作傑出，還是焦慮不安，操作成果不佳？如果你做好功課，在時機所需時，你就知道該找誰談。

接受最好的投資者以好條件出資，無論何時都可算是理想時機。而他們的週期可能隨時開始，也可能乍然結束。投資者會受到恐懼或貪婪驅使。錯失良機的恐懼（fear of missing out, FOMO），會讓聰明人做傻事；對市場潛力的貪婪則會形成競爭。但恐懼衰退或貪求過分條件，可能預示著投資週期已到尾聲。包括選舉、戰爭、災難，甚至股市波動等各種總體情況，都可能讓私募資金對尚未有營收之新創投資緊急煞車。有點偏執是需要的；點心盤轉到面前時，趕快伸手大快朵頤。

Rule 52 募資沒有你想的那麼快

你要有心理準備，整個正式募資流程起碼六個月（根據你的狀況而定）。拉著投資者的同時，你要把時程緊緊扣好。投資者可不管你如何急迫，拖愈久反而對他們愈有利，因爲時間會提供更多資訊，相對地讓風險降低。另一方面，你不希望某個投資者急著簽協議書，因爲那勢必有期限；如果其他投資者還沒準備回應，你就得在不知選項爲何的情況下，被迫做出決定。

每次募資時必定波折四起。其過程包括去會見可能的投資者，在合夥人會議簡報上，一一答覆盡職調查提問，然後談判磋商，最終簽下決定性文件。直到那時候，錢才會眞正入帳。

視募資節奏及公司需求，你可能要接受至少分兩次交割，好讓遲來的投資者有時間做完盡職調查，即時加入。注意，已交割的投資者不會希望到第二次交割的期間過長；讓資訊更充裕的後至者以同樣條件出資，也不盡合宜。

從接受協議書到最後交割、資金匯入前，通常會有六週以上的細節商談、完成法規要求等事項。意外往往在此時蹦出，危及整個融資。為求最高效率，一開始務必與各方訂出合理的時間表。

首先，與各目標投資者同步展開洽談，以便讓他們在差不多的時間走到簽署協議書階段。別在不確定是否有更好選項之下，被迫接受第一份協議書，也別不明所以就加以拒絕。

第二，製造急迫性與稀少性。讓候選人知道：火車即將離站，想上車就要快。雖然你的立場應該盡量透明，但別透露你另外接觸了哪些投資者。創投業者彼此相識，互換情報以拉低估值或強加條件，對他們是有利的。

第三，謹慎而坦誠。如果你被發現欺騙了某個投資者，你不僅丟了一名投資者，也可能敗壞名聲，毀掉吸引任何好投資者的機會。製造急迫性及發表錯誤聲明，兩者一線之隔，不能越界。

最後，錢沒進帳戶，事情就還沒完。簽了協議書並不代表你可以高枕無憂，若簽下協議書裡的「禁止接觸條款」（"no shop" clause）——在特定期間內，你不可再尋求第三方出資或進行協商——你就把命運交給單獨一名領投者。協議書並非他們保證投資的有效承諾，而是讓他們展開盡職調查的保證。在此期限之前，你能做的只有與之協商，所以一定要了解該投資者按協議書交割的紀錄。許多創投業者利用協議書先綁住標的以換取思考時間，屆時真要撤下而使你孤立無援，也不會心生愧疚。別跟這樣的公司來往。協議書雖然不具法律效力，卻有道德基礎。只能跟有道德意識的投資者合作。

Rule 53

簡報要能回答關於公司的一切基本問題

準備簡報與相關資料，是讓你後退一步檢視營運計畫，尤其是商業模式的大好時機。一份好的簡報，關鍵在於能否詳實舉證說明你的能耐。把這當作你澄清願景和目標的機會，你的簡報要清楚易懂，引人入勝，全面又扼要，理想形式是以不超過十五到二十張投影片，清楚點出你這家新創公司的核心。大體而言，內容應該涵蓋十個關鍵題目的答案，當然，那要針對你這家公司的特性來裁剪：

1. **願景與宗旨**：描繪你對成功的想像。如果投資者跟你一起做夢，能產生什麼了不起的成果？你這家新創公司爲何重要？這裡要回答的基本問題是，你爲什麼熱中於此？投資者爲何會關注你們到想加入的程度？

2. **問題**：提出你要解決的問題或痛點，以及過去其他人曾經提出哪些方法。對照現有方案或還未被滿足的需求來凸顯問題，是很重要的；你會在簡報後面解釋你打算如何跟這些方案競爭。此時要回答的是，爲何這個重大問題值得費心解決？

3. **解決方案與價值主張**：展示你的方法，並舉證說明它對潛在顧客的功效。此時便是你強調下列幾點的時機：你創新的獨特點、超越現有方案之處、對顧客產生的終極價值。這裡要面對的問題是，對顧客來說，你的方案爲何令人信服？有什麼價值？

4. **市場契機**：詳細描繪理想中的顧客與市場整體規模，包括一切有潛力的市場、灘頭市場，以及你在其中最樂觀的占有率。你要能具體描繪出目標客群，並證明還有無數類似群眾也想要你的產品；這個沒被滿足的廣大需求，只有你能提出解決方案，市占率很大且會繼續成長。記得說明你將藉以接觸顧客的通路。此處要回答的問題是，對你這項產品來說，市場有多大？多成熟？要如何進入？

5. **背景與競爭**：展現目標市場的歷史演進：競爭對手與其個別強弱，並說明你的解決方案先進之處。透過核心顧客價值主張，來區別你的方案與其他對手的差異。如果對手的地位很穩固，你要怎麼把他們拉下來？如果他們也是新創公司，你如何快速超越？時機很重要，藉著之前的失敗例子，指出時空背景已經有了什麼改變。簡而言之，爲何現在是你打敗對手的良機？

6. **產品**：呈現產品的獨特價值與功能，包括受保護的智慧財產權、產品研發路徑圖（road map）。展示你預備繼首發解決方案後，多快推出後續產品服務。清楚說明你的技術如何讓你維持領先，且創造下游的成長機會。你要能回答這些問題：你的產品爲何能破壞目前的市場？後續如何發展？

7. **單位經濟效益與商業模式**：展示目標單位經濟效益，即每項獨立交易貢獻給營運利潤的金額，並說明你對這些數字的假設：定價、商品成本、供應鏈成本，還有你的經濟價值鏈（economic value chain）。儘管此時這些數字都不可能正確，但你了然於胸，並能回答有關成本下降曲線、規模化財務槓桿等關鍵問題。特別留意你所有假設的敏感性分析，如果你必須花一塊錢來賺一塊錢，這筆生意就不怎麼迷人。這裡的基本問題是，爲何這是一門可獲利、高成長的生意？

8. 團隊、領導、組織：介紹公司創辦人、資深經理、董事會、顧問；還有你對團隊任何重要缺口的看法，你打算如何處理。若能詳細描述你準備增添哪些位置，會頗有幫助。如果目前有哪位員工無法在公司擴大後繼續待著，不要遮掩，坦誠說明你將如何處理。如果你覺得自己在未來階段恐怕不適任執行長，同樣要拿出來討論。要能回答這些問題：這個團隊爲何有辦法讓這家新創公司成爲大黑馬？目前的組織隨著時間會怎樣擴大？

9. 財務與執行計畫：提供過去及前瞻未來的損益表、資產負債表、現金流分析、資本來源及運用、未來資金需求、未來募資規畫，預測至少長達三年。**注意**：你的公司所處的階段愈初期，這些數字愈不可靠，愈遠的規畫也愈不可信，尤其當你尚未進入銷售階段時。儘管短期計畫應該從下而上搭起扎實的架構，你對未來幾年的規畫則顯示出願景規模，你不能因爲現階段充滿不確定性的本質，就沒對所有假設做出詳實分析、沒解釋你所預估的成果對任何變數的敏感性。投資者會斟酌你的樂觀而對計畫打折扣，所以你要呈現具體捍衛的最樂觀計畫。事實上，如我們之前說過的，你應該提出兩份計畫，基礎計畫是比較保守的「瞄準線」（line of sight），再搭配一份描繪出最大可能的夢想計畫。這些計畫要說明你估計在公司具變現性之前準備募集的資金水位，投資者便可推算大致的股權稀釋與相對報酬。你不妨藉著類似新創事業的市場資料，凸顯報酬潛力。這些計畫是你這家新創公司的通用語言，爲你的簡報提供穩固基礎的功能，證明你對這門生意的想法。此處的重點問題是，投資者爲何要相信你的計畫，以及你所說關於你與這家新創公司的一切？

10. **投資機會**：勾勒出你的募資史（投資者、投資金額、持股比例、過去估值）、目前股權結構，以及建議的募資結構。下輪募資之前若有新員工加入，會對期權池（stock option pool，譯注：爲未來引進人才而預留的股份）產生什麼影響，這個問題要有所準備。這會是一個爭執點，因爲投資者總希望公司是在他們注資前先擴大好期權池，預留足夠股權給新進員工，未來自己的股權才不致被稀釋。留意關於期權池大小設定的投資者經驗法則，你可以根據聘僱計畫推估無償配股數，以進行完整性檢查。你要回答的問題是，你的新創公司爲何能成爲黑天鵝，爲投資者帶來可觀的報酬？

我們太常看到，創業者提出的計畫宛如初級研究，投資者得自行設法鑽研，得出結論。這是大錯特錯。簡報是你推銷想法的大好機會，那是一則敘事，讓你得以呈現藏在營運基礎背後的故事。每張標題都要是一塊磚，堆疊出你這家新創公司勢必成功、投資報酬豐厚的最終結論；每個事實都是能支持這番主張的呈堂證據；使用陳述式聲明，別浪費任何一個字，標題要能點出整個故事，每張投影片的每一點都要能支撐標題主張，但別把你要講的文字寫在投影片。投影片只有精髓與事實，詳情則透過你在簡報時傳達，整份投影片就像小麵包，你的親自表述是內餡。

面對新投資者之前，你一定要找現有投資者或可靠顧問進行演練，尋求坦誠回饋。建立第一印象，機會只有一回。最棒的簡報是清晰具說服力的，會讓聽衆自然做出結論：你會成功，投資者會賺到一大桶金。

Rule 54

一切始於人性

當你滿腦子想著銀行，很容易忘記「人」才是做生意的根本。你的簡報應特別著墨其中三種：你、你的顧客、你的投資者。

首先是你。你是誰？爲何你要投身這項新創事業？爲何你會是讓它成功的最理想人選？不必是揪心穿腸的個人敘事（我們就看過一些過火的演出），然而，眞誠說出你的親身經歷，確實能打動人心。

你的新創事業也許可歸結爲「屬於農人的大數據」，但你來自小農莊的出身、高中時期爲當地農夫運送新鮮農產品的打工經歷、大學畢業進入嘉吉公司（Cargill，譯注：美國大型農產品企業，如今擴大至醫藥、金融、天然資源等）、對大型農業有著深入了解，生動說明了爲何這項業務對你意義非凡。比方說，你投身地方性食物銀行，便證明你對解決眞實人物所處困境的熱忱，也爲你的新創事業注入一絲人性，使它不僅是一家大數據公司而已。釐清這件事爲何對你重要，也能使投資者對這項目標心生認同。

再來是顧客。他們是什麼人？你爲他們提供什麼價值？他們的問題關我們什麼事？有些人會建議創業者打造某種「化身」來代表目標市場的性格，但顧客並非只是錢包，他們是你這家公司之所以存在的鮮活目的。

說明那些小農全然有別於大型農業，爲了維持小農地的像樣生活，他們得到城裡打兩份工以支付抵押貸款。讓投資者曉得，這些小農如何受剝削，那些市場要角主要與工業農場往來，而非這樣的傳統自耕戶。展示你提供的服務將如何協助小農，爲他們的生意、家庭和環境做出最好的決定。讓投資者也關切這些小農客戶將會繁榮還是沒落。

最後是你的投資者。投資者一年要看數千份簡報，多數隨機式亂槍打鳥，簡直像新創版的「鍋爐室騙局」（boiler room cold-calling），只是複雜一點。而投資者想知道爲什麼他/她適合你，你挑中他們的原因何在，是他們的投資組合中涵蓋農業技術，能帶給你洞見與人脈？是他們善於培養領導人與建立成功企業的名聲？是你在某次會議聽到他們的演說，非常認同那些觀點及他們對待新創事業的方式？

別忘了放上一張投影片，要求他們除了資金，更要貢獻其他。投資者也有自尊，有些還大的不得了。簡報時，千萬別忽略這一點。

Rule 55 簡報時，眼觀八方

確保「洞察全局」，這恐怕是簡報與盡職調查時，最困難的事情之一。你很緊張，專注於不出錯地解說複雜資料，但你仍須留神周邊發生什麼事。簡報內容與傳達很重要，評估身體語言、仔細聆聽提問，更是了解投資者關心重點與疑慮的門道。在投資者會議結束後，你根據他們的投入狀況與反應，應該就能判斷他們有多少投資意願。

避免提供給聽眾過多資訊。你對自己的業務瞭若指掌，而他們卻可能是第一次聽到這類題目。洞察全局能讓你判斷如何繼續下去最有效，也能有效解決個別投資者的盡職調查障礙。**記住**：投資者比較希望你是針對他們有備而來，不是把他們當作你找錢的隨機目標。

投資者的提問、一再討論的題目，在在顯示投資者根據經驗獨有的關鍵疑慮、擔憂和假設。他們透過由經驗所形成的透視鏡，來審視你這個機會。不管你怎麼做，一定要誠實而直接地答覆問題，即便那意味著你得要求他們讓你回去考慮。

簡報不僅得以溝通訊息，更是建立信賴、展現專業的難得機會。**再強調一次：投資者評估的不僅是你的業務，更是你本人。**

Rule 56 用白皮書繼續深入

如果你跨越新領域或採行某種尖端技術，白皮書可以在盡職調查時發揮作用，幫助投資者了解你的技術、產品或業務較為複雜的層面。記得事先備妥這些文件，以便簡報結束或有人提問時即可提供。

盡量避免讓深奧的討論把簡報拖入泥沼。以下這種情況屢見不鮮：總有那麼一、兩位創投合夥人具備相關的專業知識或興趣，於是就提出了足以將簡報拖進無底洞的問題。你不要配合演出，可以先表示將在稍後或簡報結束再答覆。給他們適合的白皮書。如果事先未曾預見會有這個問題，那就回去準備這樣的白皮書寄過去。無論怎麼做，別以晦澀難懂的解說悶死所有人，否則你會無法做完簡報且講出重點。

資料備忘錄（informational memorandum）在傳統上用於投資銀行業務，而白皮書不同，它是針對特定題目的獨立文件。題目不一而足，包括技術或產品的細節、顧客與市場的描述、你的商業模式或單位經濟效益之特點、預期成果，或是一份更詳細、對所有假設之效力一一加註的財務模型。

經驗指出，就單一深刻題目準備白皮書，要比一整套綜合著作的成效更好，因爲不同投資者的關注領域各自有異，藉著白皮書解決需深入探討的問題，你在簡報中便可專注表達重點，答覆更基本的問題。

Rule 57 事先備妥融資文件

事先備妥交割文件（財務及法律），好讓最終的盡職調查與交割程序走得順暢。首先，你的情境規畫（scenario planning）一定要附帶一份體面（且充分檢視過）、試算表格式的財務模型，以供投資者使用。這將有助於他們進一步了解你的思維。如果你能提供一個乾淨有效的模型，這將成爲整個募資流程的主要模型，讓你在敏感性分析及營運假設上握有主導權。

你也要備妥交割所需的法律文件。與其被動地等待協議書上門，不如自己準備好一份，提供給所有感興趣的投資者。如果這不是首輪募資，記得也要附上前輪協議書與交割文件。這將凸顯過往募資輪特定交割條件的重要性，它們極可能也是未來募資輪的協商基礎。

你也要準備一間資料室（data room），供投資者與其律師審閱你的歷史文件，以及財報、重要法律合約、市場研究等資料。過去，這是放滿文件夾的實體房間，現在則成爲加密的數位網址。記得給予個別密碼，以便能追蹤哪些人查過哪些資料、查閱時間多久，尤其是如果有好幾位投資者同時進入資料室的話，從這份追蹤情報可以看出各投資者所處的階段及關心焦點，你又能加強哪些部分以協助他們。

通常，投資者舉行內部進度報告會議之後，探訪資料室的頻率會激增，由此可以窺見他們在會議中可能討論過哪些課題，以及這段夥伴關係中應當先解決哪些疑慮。投資者對風險的認知不同，因此，透過他們在資料室留下的痕跡以揣摩其意，是讓募資順利交割的寶貴工具。

Rule 58
不成不罷休

雖說要考量投資者的疑慮，你卻不能因此減緩努力完成交割的腳步。投資者天生害怕錯失機會，而且可能爲了搜集市場情報，願意聆聽你的簡報，甚至展開盡職調查，卻不是眞心打算投資，特別是在這個投資者已投資了你的競爭對手——另一家新創公司。想了解目前的投資標的是否妥當，還有什麼比刺探其他聰明人對這個領域的見解更好呢？

這不代表投資者一定會把訊息告訴你的對手，但他們勢必會教育自己，判斷也可能受到影響，以至於你的情報在無意間流入對手那邊。

對於這種只看不買的投資者，請別客氣，愈早切割愈好，你（和團隊）的時間是最寶貴的資產，把力氣拿去耕耘幾個有機會的領投者，絕對比追求那不可能完成交割的夢中領投者好得多。

成功募資者都具備一個不尋常的特質：知道何時放棄某些投資者，好專注於有信念、有錢，更有即時完成交割意願的投資者。

若要募資準時交割，需不懈的努力與高度自律。錢沒入帳之前，你絕對不能閃神。每一步都要像在執行工程計畫或產品上市般，一心一意。

Rule 59 前後一致才可能說服人

有時候，募資過程出錯是因爲前後不一的說詞，訊息矛盾混淆。你一定要向可能的投資者明確表達成立的宗旨與願景，解釋清楚你在短期、中期、長期計畫達成的目標。隨著業務推進，這些內容在不同募資輪之間產生差異，是極其自然的；但是在任何一個募資輪當下，則必須前後一致。若在不同場合與投資者討論的說詞差異太大，或公司進展出現停滯甚至倒退，絕對會嚴重危及此輪募資。

在募資過程中，投資者期待了解你的業務有何風險、機會，經濟效益又如何。面對腳本中途改變的新創事業，投資者可能會覺得這家公司還太嫩、變數太多，不值得冒險投資。這並不是要你準備好所有的答案；初期新創事業本來就是不確定性高過於可確定的部分，但你要確保重要訊息的一致性，不管此輪做幾次簡報，都將提高成功的機率。在過程中出現錯亂訊息、壞消息、未達階段目標，都會立刻破壞募資機會。

記住：你需要資金，他們卻不需要投資你，永遠有另一個新創事業在他們的大廳等候。在創投界，你絕不會被喊「三振出局」。如果你不熟悉棒球，那所指的是：投資者揣著錢，坐等適當的新創事業出現，絕對不會出錯；但如果挑錯了新創事業，他們就有可能揮棒落空而出局。還有，要記得，投資者會互相交換訊息，如果你的說詞前後不一，他們一定會發現。所以，你絕對不要讓投資者知道你接觸了哪些投資對象，否則他們將串連一氣，而非爭著投資你。

無論如何，千萬別讓新投資者失望：別達不到預定數字或無法如期交貨。募資是曠日費時的事，如果你的計畫預期在這段時間完成什麼，一定要做到，要是做不到，你的信用就毀了。同理，募資輪剛結束時別立刻出包，投資者會從你的計畫來奠定短程和長程期望，你特別要努力達成短程目標。買家要是後悔，就一點都不好玩。

Rule 60

歧異過大的不同估值，可藉由里程碑化解

有時，可考慮在投資協議書設下里程碑投資款，或稱「階段」（tranches）；這是在你達成重要里程碑時，投資者分期支付的資金。若管理層與投資者基於風險看法不同而產生的估值差異，能夠客觀認定，並將之與可評量的成果綁在一起，例如出貨或達到特定業績，這其實是不錯的辦法。

但基於兩點，這也可能對你不利。首先，在里程碑時間點來臨前，投資者或許出於其他考量而不想再出資。這些階段條件通常不嚴格，投資者若要退出並不難。第二，這些績效里程碑只是最佳推測而非注定結果，萬一你有意轉型或調整里程碑的順序，就會發現原訂里程目標不再適用或根本無法達成，相對將危及未來的資金。若投資者不贊同你想做的調整，就更有可能如此。

可能的話，試著從根本解決風險問題：**估值**。若某個價格能平衡風險，雙方應該都能接受。若得不到這個價格，而你能將估值爭議匯集爲少數幾個非常能夠評量的事件，分階段融資或許就是可行之道。

Rule 61 優先清算權舉足輕重

你可能不曉得，能爲利益關係人創造財富的新創事業多麼稀有，以至於浪費了你與所有員工的發展機會。即便公司在獲利後出售，也可能有此問題。你賣給投資者的特別股具有優先清算權（liquidation preferences，率先拿錢償還其投資之權利），所以你一定要弄清楚流動性支付順序。

不必要地推高公司估值，就清算權來看是對員工不利的。你和員工拿的普通股並沒有優先權，這主要基於訂價與稅負考量。賣給投資者的特別股價格較高，你和員工握有的普通股及認股權價格較低，省了稅負，但相對地，投資者可以先把本金或數倍金額拿走，你和員工則一毛錢也得不到。優先清算權包含上限、倍數、優先權的設計，會導致「重新分配大餅」，讓出場收益的分派方式，截然不同於（將所有已發行股票、認股權證〔warrants〕、認股選擇權）

依約定比例轉換成完全稀釋股數下的結果。所以，在磋商融資條件時，要特別小心優先清算權的設計。依規定內容的不同，特別股與普通股股東在評估收購要約時，利益失衡的情況也許很嚴重。

但首先，容我們先把一些細節講清楚。特別股最常見的兩種形式爲「參加」及「不參加」。

參加型特別股是指變現時，投資者將首先拿回當初的投資本金（或一定倍數，稍後再作說明），若有剩餘收益，再按持股比例與普通股股東分享。不參加型特別股的投資者則只有拿回本金的權利，此爲下跌保護（downside protection）。若這類投資者要參與額外分配，必須先轉換爲普通股，與普通股股東依股權比例分派全部收益。

不參加型特別股，多爲普通股股東的優先選項；而參加型特別股，則是特別股股東爭取的選項。但在某些情況下，不參加型特別股卻會爲普通股股東帶來麻煩，那就是一般所謂的「凍結區」（dead zone）。在此價格區間，特別股股東已先拿回投資本金，若彼時轉換後按比例可分得之收益未高於其優先清算額度，他們就對較高估值毫無興趣。普通股股東則相對偏好此區間的較高價位，因爲他們可分得全部的未分配盈餘，「追補」（catch up）特別股的利得。若股價沒有高過凍結區上限，對特別股股東來說就沒有差別，便無意與買方爭取該區間內的更高估值。一旦普通股價格超越凍結區上限，所有股東的利益才會一致，都願意努力跟買家協商更高估值。

舉例來說，若特別股股東已投資一千萬美元，擁有你這家新創公司的八成股份，此刻你有機會以九百萬美元出售，他們將拿走全部，而你分文不剩。若買方出價一千五百萬美元，特別股股東可拿回投資本金一千萬美元外加一些。這個「一些」，取決於他們是否有參加型特別股份；若有，你們就依股權比，二〇比八〇來分配剩餘的五百萬美元，若他們手中是不參加型特別股，則會選擇將特別股轉換爲普通股，再依比例共享所得資金，而此時你將可追補多出來的五百萬美元，其金額相當於你在完全稀釋股權（二〇比八〇）中的擁有權。

這聽來複雜，事實上也是如此。就前面的一千五百萬美元例子而言，有參加型特別股的投資者先拿回一千萬美元，你再與其依二〇比八〇分配剩餘之五百萬美元，所以你拿一百萬美元，他們拿四百萬美元；你總共拿一百萬美元，他們總共拿一千四百萬美元。若他們擁有的是不參加型特別股，則有權先拿走一千萬美元，你有權拿剩下的全部（五百萬美元），除非他們轉換為普通股；而此時他們勢必會這麼做，因為一千五百萬美元的八成，要比一千萬美元的百分之百要高。在轉換之後，你們按照股權比例分配整筆一千五百萬美元，於是你拿三百萬美元，他們拿一千兩百萬美元。問題是，當估值落在一千萬美元到一千兩百五十萬美元之間，持有不參加型特別股的投資者會完全無感，因為此時他們按比例可分到的金額相當於優先清算可得金額，但若超出此上限，則會選擇轉為普通股，再依股權比來分派全部的金額。所以估值一千萬美元到一千兩百五十萬美元是凍結區。這種衝突會導致尷尬的結果。實際金額若多幾個零，差別將十分驚人。

所以，清算保護條件，勢必將影響投資者對特定出場機會的反應。尤其要注意倍數優先清算，例如「2X」或「3X」，投資者先拿回本金一定倍數後，才輪到普通股。一個看似很棒的出售成果，普通股股東卻可能看得到、吃不到。以前例來說，若特別股股東有兩倍的清算權，他們可在你之前拿到兩千萬美元。明明有賺的一千五百萬美元開價，也會讓你毫無所獲。

好投資者非常留意估值低於凍結區下限所造成的利益失衡。爲了獎勵你的團隊，也爭取你們對較低售價的支持，好投資者通常會在出售時爲普通股股東打造一個「池子」（pool），大約是總獲利的八％至一〇％。雖然低於你依股權比例的所得，卻不失爲整合雙方利益的辦法。有經驗的外部顧問提供的專業客觀意見非常重要。你要了解目前投資氣氛中有何「市場外狀況」（非常態），盡力磋商，壓縮「凍結地帶」。

Rule 62 吃閉門羹很正常，別放在心上

多數人很害怕募資，「無可避免的被拒絕」這件事，讓他們卻步。放下自我當中的這一塊吧，拒絕全然無關個人（等你哪天要跟出版社推銷著作時，也請記住這一點）。投資者是否點頭，往往與你個人的好壞無關，而是看他們的投資主軸、組合狀況，跟你這家新創事業或產業是否合拍。

募資就像所有媒合一樣，相配與否最重要，你個人本身並非全部。投資者也許對你的宗旨和願景不感興趣，而老實說，你也想盡早排除這種對象。或者，他們正準備結束目前這一檔基金，一邊籌募下一檔；你的下輪募資可能就會得到青睞。別期待每個投資者都「抓到重點」或在乎你所在乎的。每個創業者全都經歷過這些事。有時，沒得到某個目標投資者，反而是件好事。你要的，是真正對的媒合。

對遭拒處之泰然，你也將保住募資過程中辛苦耕耘的諸多關係。這輪沒進門的投資者，可能成爲下輪候選人。聆聽他們沒進門的理由，記在腦子裡。等你一一解決這些疑慮，可以通知他們，激發他們把握下輪投資的意願。

至於投資者對自己沒進門所提出的解釋，這裡要提醒一聲：那經常有誤導之虞。你可能聽到他們說，你還處在太早或太後期階段；你的技術或產品需要更多驗證；你的團隊不夠完整；他們目前太忙，沒空展開盡職調查；顧客反應看起來挺好，但不足以保證。簡單說，你會聽到一堆理由，眞實答案卻鳳毛麟角。

多半時候，投資者盡其所能地提出這些藉口，雖然頗爲眞誠，卻純粹只是缺乏信念。也許他們有些動心，卻沒有強烈到想賭一把。有些只見到半杯水的投資者，同樣會給你這些理由。

讓投資者感到興奮，那是你的工作。讓他們列出爲什麼應該投資的理由，而非何以不該入手。

另一個警告：當你聽到投資者都給出同樣的理由，也許你該重新思考某些東西。你最早的「顧客」其實就是投資者，所以你要像聆聽所有顧客般地傾聽他們的意見，必要時做出修正。如果可能，安排目前的領投者跟你見過的潛在新投資者聯繫，探詢後者的眞正想法。妥善爲之，你就能清楚自己的簡報優劣所在，以及如何補強。

Part 4

打造及管理高效能董事會

Building and Managing Effective Boards

前一部的重心在取得資金，找到對的投資者。

這一部分則要協助你辨識及組織對的董事會，教你如何進行高效率的董事會會議。許多投資者會把董事席次當作投資條件，融資與董事挑選難免成為一體，需要仔細衡量。

無論在管理層這邊或投資者那邊，好或壞的董事會，我們都待過。我們都曾經擔任過執行長、財務長、領投者、首席董事，以及董事會教練。當你充分領略各個面向，打造高功能、高效率的董事會之路便會豁然開朗。

Rule 63

董事會是審議機構，不是烏合之衆

新創事業要能大破大立，就要有好的創業領袖。你創立這家公司，努力滿足各方利益關係人，打造永續價值，但太多因素可能讓你分心，董事會成員就成爲一個重要獨特的指引及支援。傑出的董事會是無價的資產，能協助你拓展經驗、人脈、判斷，讓你能克服萬難，發揮最大潛力。反之，差勁的董事會足以讓好公司翻船。

董事會透過種種決定，可以維護新創事業的核心價值與宗旨，卻也絕對能全盤破壞它，無論是有意或無意都有可能。所以在選擇這麼重要的夥伴時，千萬不可屈就「最省錢」的董事會，讓其中坐滿一些只願在最高估值時下最高注的投資者。畢竟，你不會聘請最廉價的腦神經外科醫師吧。你想要最頂尖的智囊團，你知道：他們的卓越貢獻將超越帳面成本。精挑細選，一分錢一分貨。

組成厲害的董事會之後，就要徹底善用。視他們爲裁判與告解神父，他們就會表現得有如裁判與告解神父；視他們如合夥人，他們就會成爲合夥人。與公司其他角色不同，董事須在團體運作時發揮得最好。別經常私下個別遊說或要求表態，你只會得到對立的見解與個人立場。

老經驗的董事很清楚怎麼合作。發揮得最好的董事會，是聽得多而說得少，辯論質疑但彼此敬重；深知其職責是檢驗、刺激你的思維及審視你的思路，而非代替你做出判斷。你要學習怎麼推進董事會的討論，激發面面俱到的觀點。在會議中保留時段供他們質疑你，也彼此質疑，讓這些想法透過全體之力更加精進。

別期望出現一體的共識，鼓勵建設性的不同想法，你才能掌握問題的各個面向，並做出最後的結論。未經善用的董事會只是例行作業甚至會損及公司，同心協力的董事會則是寶貴資產。

Rule 64 利益衝突與衝突利益，大家避談之事

有言道：「不經衝突，何來利益。」但凡值得爭取的機會，幾乎難免都有利益衝突。你必須一一予以確認，洞燭機先，妥善管理。當一方面臨兩種以上相互對立的利益，也許是財務面或其他，而可能損及其動機或決策，即有所謂利益衝突（conflict of interests）。當公司各方各有不同動機，即產生所謂衝突利益（conflicting interests）。

董事會的每個人都戴著兩頂帽子：身爲股東，他們代表各自基金或自身；身爲董事，他們背負擔任公司代表的信託義務。信託利益（fiduciary interest）乃代他人行事之法律信賴義務。董事會時常必須投票支持對公司最有利，卻可能不利其身爲股東的議案。反之亦然。每位董事皆必須體認一己之責，明瞭這些衝突，永遠做出對公司最有利的選擇。同一名董事也常以股東立場做出相反

的抉擇。而你，身兼執行長與普通股股東代表，若也擁有董事席次，同樣會面臨利益衝突。

董事會應即時指出這些衝突，提醒每位成員善盡董事的職責。如果以股東身分，他們想如何投票是自己的事；但若屈於衝突、選擇自身利益而傷害公司最佳利益，公司及其他股東可以對其採取法律行動。法律上，多數股權股東（majority shareholders）因持有股數，投票數也凌駕少數股權股東（minority shareholders）之上，比少數股權股東肩負了更多特定責任。

以下是幾則利益衝突的例子：

公司的資金即將用罄，一位內部投資者提出苛刻的注資條件，將會大幅稀釋普通股股權，但肯定會交割。（有時這被稱為「強制破產」輪〔cram-down〕，因其壓垮普通股股東之所有權。）另一位外部投資者提出較好的投資條件，但尚未展開盡職調查，能否完成交割令人存疑。你有機會與該內部投資者共同出資，在強制破產條件下仍保有股權；而在另一份協議書之下，你就沒有出資自保的機會。身為投資者，你會選擇強制破產輪嗎？身為股東，你會選擇較有利於普通股股東的競爭投資者嗎？

公司面臨一個出售的機會，對方的開價足以讓你拿回所有投資，普通股股東則一無所獲。另一個選項是募資，但估值比前輪打了很多折扣，導致現有股東的股權大幅稀釋，公司則可持續經營，或許有機會在未來兩年間打造出更好的身價。身為投資者，你會贊成拿回自己的投資嗎？身為董事，你會按捺私心，選擇孤注一擲，讓公司有機會創造更大價值嗎？

有買家提出極好的收購條件，公司所有股東都將獲利。買方又向包括你這位執行長在內的管理層提出私下交易：你們留任一年，可拿到相當於他們給其他股東的兩倍金額。若透過更多磋商，有機會為所有股東爭取到較高估值，但相對限縮管理階層留任的待遇，人員流失恐難避免。身為執行長，你會贊成讓自己拿到誇張待遇的交易嗎？身為股東，你會選擇持續磋商，寧可流失部分管理人才，為全部股東爭取到更高股價嗎？

如你所見，這些狀況可能相當棘手。你要很清楚眼前存有哪些衝突，堅定地站在公司立場，行使信託義務。身爲股東或管理者會如何盤算，又是另一回事。

在利益衝突之外，投資者之間、你和董事會之間，甚至管理團隊之間，也存在不少衝突利益。這類衝突不屬於單獨一方，而是存在多方之間。你要能夠及早發現，以期順利避開，或至少能判斷問題浮現的時間點。盡可能地協調各方利益。

以認股權爲例，當初會有此設計的原因是：它不僅是一項福利，而是爲了協調管理階層與股東之間的利益。爲什麼常有公司給員工認股權，連總機也不例外？這是爲了協調利益。董事會成員不僅領有現金，也享有認股權，同樣是爲了協調利益。

一般認爲，初期投資者的思維接近創業家，因樂觀看好而布局投資；後期投資者則接近銀行家，在做投資布局時會避免損失。無論如何，做足功課，認清對方屬於何種投資者。一份無額外條件的投資協議書：沒有主張投資者過多特權或倍數報酬，沒有要求依公司績效行使棘輪條款或修正價格，這就充分顯示，此投資者願意合理分攤風險。

以下是衝突利益的幾個例子：

公司有一個出售機會，當初以較低股價入手的初期股東得以獲利，以較高價位持股的後期投資者則一無所得。你會接受這個機會嗎？

公司準備上市，投資者與管理階層的荷包都將大有斬獲。股市卻在最後一刻下跌，銀行告訴你，開盤價將低於前輪投資者在投資時談好的棘輪價位（ratchet price），這代表此時他們可免費拿到更多股份以提高其收益，卻稀釋了早期投資者的股權，包括你。你預期但無法保證股市將迅速回漲，為後期投資者帶來額外收穫。這個時刻，你會阻止首次公開募股，還是硬著頭皮繼續，以取得公開市場的低廉資金？

公司獲得不錯的出售機會，根據合約，身為創辦人，你有權在公司控制權改變時，提前執行全部認股權利；原本四年才能實現的利得，如今只要再等一年。其他員工並未擁有這項提前執行條款，須為買方再做四年，才能全數到手。即便那會造成你和團隊之間的嫌隙，你還是會贊成接受收購，獲得全數認股權？還是你會放棄提前執行的機會，以平衡你與全體員工的利益？

養成時時察看房內是否有大象的習慣，不管那頭大象是利益衝突或衝突利益。一旦加以指認，進行討論，你便將它們從道德議題轉化爲商業議題，處理起來相對容易許多。

Rule 65

董事會要能發揮營運績效，莫只重管理

治理是政府的事，不歸你——你是新創事業，你要營運人才，不要官僚。你的董事會必須是一群經營背景扎實、善於策略思考、願竭心盡力成就你公司的人。別讓它僅有一群治理人，卻不見活躍的建言者。思索如何善用他們，發揮其最大功效。

他們必須消息靈通，分身有術，知識淵博，關心投入。若董事會會議走向例行報告，你打造的是一列管理人，而不是董事。把握他們的時間，讓他們認識你的業務及團隊，請他們參加工作與決策議事，邀請董事成員到公司會議演說或列席問答場合，坦誠透明。

在董事會定期的閉門會議中，分享你的最深憂慮及最大挑戰，傳達對他們的信心。每次開會時，至少安排一個策略討論，汲取其集體智慧。主動尋求協助，善用每分力量，這一點最爲重要。不可否認，董事會確實有一定程度的治理責任，但那絕不是他們的全部功能。

Rule 66 小比大美

大規模的董事會將落入平均水準。這就像由審核委員會來管理公司，禍事必將發生。董事會要小，效能要高，最好至少有一名獨立董事。規模小，也凸顯了各個成員條件適當的重要性。根據經驗，募資至少兩輪的初期新創事業，五名董事是恰當的規模。三名太少，除非公司剛成立；超過七名則會變成管理階層，容易效率不彰。爲了避免做不出決議，單數成員較爲理想。

這是給初期新創事業董事會架構的建議：兩名董事，一名領投優先股股東的代表，身爲執行長的你，再加兩名獨立董事，其中之一最好有能力當你的教練。若找不到兩位夠強的獨立董事，不妨由內部管理層找出一位（共同創辦人是不錯的選擇）代表普通股股東。

不用說，要有高效能的小董事會，一般不會給予觀察員列席權。所謂觀察員，是有參加董事會會議，但非正式董事會成員，也不具董事責任義務的人，他們沒有表決權。投資者，尤其是聯合投資者（syndicate investors），無法獲得董事席次，或想參加董事會會議但不想背負責任時，常會要求觀察員權利。無論哪種情形、無論此人的背景有多強，觀察員會讓會議室變得擁擠，影響董事會本身的化學作用與議事效能。

另一種可能的情況是，你把觀察員身分給予某投資者，是不想讓他出任董事，但他願意推派適任者進入董事會。這種情況很罕見，但有可能發生。倘若無法避免觀察員產生，當事人須知當會議進行至敏感議題時，可能會請他們暫時離開。畢竟他們不具董事們的信託義務，尤其對戰略型企業投資者來說，恐怕也有利益衝突。

董事會觀察員權利，與邀請非董事成員參加部分或全程會議是兩回事，釐清這一點很重要。觀察員權利讓投資者可合法列席董事會會議，並拿到董事會資料。技術上，他們只是觀察，不是與會，但你很難找到哪位投資者能靜坐兩、三個鐘頭不發言。至於你可能邀請列席的專家，是因爲他們能爲董事會或特定議題帶來價值。給予觀察員權利，也不同於准許某位董事偶爾帶同事來旁觀，後者是希望讓他們對公司更有幫助。

好的董事會要以坦率建言激發團隊，而若出席人數太多、各有不同利益及投入程度，原本的目的就很難達到。最終，管理階層與董事會之間要緊密到能接受鞭策，全力支持與勇於任事相結合。一小群盡忠職守、相互信賴敬重的董事成員，最有可能做到。

記住：這不是派對，你不是在瞎搞。這是你的董事會會議。若某人沒有充分理由入席，不能爲這家公司注入相當的價值，就不應該出現在這裡。

Rule 67 領投者要求董事席次，先審核其資格

領投者通常會要求董事席次做爲投資條件。你可能認爲他們會認眞呵護投資項目，畢竟風險可觀。但董事會攸關營運成敗，席次就那麼幾席，你務必要能在得到好投資人之外，也得到產能高的優秀董事。

他們的投資行爲，並不等於知道如何扮演好董事，或有能耐推高你成功的機會。你要爲自己做好盡職調查，訪談此投資者目前或過去擔任董事的公司，了解其判斷與專業，與其他董事成員互動的情形與貢獻，工作倫理和盡職態度。你要確信他們能爲團隊增添價值，而非只是來此監控。

若某投資者堅持以董事席次做爲投資條件之一，而你不認爲他們適任，大可拒絕這筆錢。有時，好的投資者願意接受你的建議，把位置讓給某位業界領袖，爲公司注入重要的即戰力。你需要最棒的投資者與董事成員，別做出自己會後悔的讓步。

Rule 68 你需要一位首席董事

首席董事要能贏得其他董事與管理階層的敬重，他或她要有指導執行長的足夠經驗。每次董事會會議的最後，這位首席董事要能在管理階層缺席的閉門會議裡，推動董事之間的坦誠討論，搜集意見並回饋給執行長。這些不該是政治算計，而是董事們眞誠的對話，爲公司與執行長的最佳利益所做的努力。若你察覺董事中暗藏不軌，就要更換首席董事。

閉門會議結束後，首席董事要向執行長匯報，但不透露董事會的交談細節。這項匯報不能代替績效考核，而是要確保衆人對現況掌握一致，讓執行長透過首席董事有技巧的歸納，獲得董事們的寶貴意見。

首席董事要打造客觀條件，提升整個董事會與個別成員的效能。他/她要以身作則，展現最高標準的誠信廉潔，爲董事會的舉止、風格和討論明確定調。他們應該確保所有成員充分發言，包括較沉默的成員在內；也要確保所有疑慮都已提出來討論。他們應該負責定期執行各董事與執行長的績效考核，之後主持溝通，採取必要作爲（如更換董事）。首席董事是最高輔佐，是執行長能信靠、負責調控董事會微妙生態的董事成員。

如果你很幸運，有兩位以上具有擔任首席董事的資格，不妨每兩年進行替換來平衡責任。若目前沒有這個角色，董事會效能也欠佳，可考慮指派一位董事擔任首席，你再與此人合力造就董事會的應有水準。

Rule 69

引進專業客觀的獨立董事

獨立董事是與公司沒有財務或任何方面重大關係的董事成員。投資者與管理層顯然資格不符。當投資者與管理層有利益衝突或存在明顯的偏見時，若要做出正確決議，獨立董事扮演著重要角色。在極端的例子中，整個董事會恐怕只有獨立董事有資格參加充滿爭議的決議案，像是該不該接受內部投資者提出的，加惠投資者卻不利普通股股東的協議書。

平時，獨立董事提供一個極爲重要的東西：獨立思考。他們是公平合理的化身，必須持平仲裁、守護眞理，捍衛公司的最佳利益。理想上，他們帶來公司所缺乏、但極其需要的經驗及專業。倘若合拍的話，還能扮演團隊的教練及導師。

基於個人歷練，獨立董事應該能提點團隊看到關注焦點以外的問題，刺激大家長遠思考，防患未然。選擇能夠成爲團隊中優秀成員的獨立董事，避免那些會因權勢而自大的人選。畢竟，好的董事會成員主要在提升團隊成熟度，要讓他們花時間在你的公司。像目前擔任執行長的人，恐怕就無法扮演好獨立董事，因爲他們實在分身乏術。

如果你挑選獨立董事時，主要基於他們具備公司亟需之專業，也必須確保他們還有領導能力及精準判斷；否則，等你不那麼需要其專業時，便立即換掉。

Rule 70 多元化的董事會，能造就競爭優勢

暫且不論在社會文化方面的影響，一般認為多元化能帶來較佳的營運成效。在董事會的組成上亦然，多元化能擴大你的視角，也能避免團體迷思（groupthink）。這將在公司立下典範，員工結構自然會朝多樣性發展。

哈佛商學院教授保羅．岡珀斯（Paul Gompers）做過一項十分有意思的調查，名為「友誼的代價」（The Cost of Friendship），顯示創投業者強烈傾向與背景類似的創投公司結盟，這類背景包括種族、教育等；但很遺憾的，這種傾向對營運是不利的。合夥投資某新創事業的兩家創投者，類似程度愈高，則該新創事業的成功機會愈低。

岡珀斯發現，當兩位共同投資者曾任職於同一家公司，即便並非同期同事，其共同投資標的成功機率將會下降十七％。若投資者出自同一所大學，成

功機率下滑十九％。整體而言，種族背景相同的投資者，要比一群來自不同種族背景的投資者，減少二十個百分點的成功機會。「兄弟情」（clubbiness）不足以打造高效能的董事會。身爲創業者，你所建構的董事會，有大好機會可均衡調節，強化營運成果。

在挑選董事會成員時，最重要的莫過於適任性與能注入的額外價值，而具備這個準則的候選人不只一位。過程中，若你格外注重多元性，等於受惠兩次。

打造多元化董事會，可考慮採取魯尼條款（**Rooney Rule**）。丹・魯尼（**Dan Rooney**）曾任美國匹茲堡鋼鐵人（Steelers）足球隊老闆，他要求球團管理者愼重考慮聘請少數族群擔任總教練。爲了達到此目標，人資主管必須提出背景各異的候選名單，而不僅是最有希望的人。魯尼並未訂出百分比或給弱勢者不當的機會，他只是想面試更多元化的候選教練。如果你覺得聘請過程沒看到什麼變化，就該要求人資主管積極找出更多的少數族群供你選擇。

獨立董事是讓董事會有多元化面貌的最好機會，因爲他們不見得是反應主流投資環境的白人男性。所以，在挑選獨立董事時，除了其他重要條件外，要特別注重多樣性。

多樣性並非指更多的女性或有色人種，或更多殘障人士、不同性取向者；而是社經背景不同，或具備國際視角。不同年齡層的交錯，可能讓董事會的思慮更廣。但也不是多元化就夠了，要從這樣的董事會汲取最大的好處，就要讓各種觀點有充分表達的機會，必要時可以直接點名，但別讓對方陷於無言的尷尬中。

Rule 71 每位董事要信守投入相當時間

高效能董事應該花相當的時間與你的團隊共事，在開會時間之外也要跟大家碰面溝通。平均來講，績效好的董事比起效能低者，大約多花兩倍的時間，一年超過四十天。此外，他們還會投入額外工時在績效管理、併購考慮、組織健全、風險管理等議題。

董事席次代表一個鄭重承諾，也必須鄭重看待。這不是聯誼或招募，要確保每位董事都明白你的期許，並給出承諾。你或許有意在董事會加入志同道合的其他公司執行長，但勤奮的執行長通常不會有時間關心另一家新創事業，你之於他像是一場展覽，他只能匆匆來去。而退休不久的執行長倒是可以考慮，或是只擔任一家外部公司董事的高階主管，或是實力深厚的專業董事，這樣的人比較能投入你需要的時間。

挑選投資者及董事會成員時，要打聽對方能不能爲參與的新創事業認眞付出貢獻。這兩種極端我們都見過；的確有積極認眞的投資者與董事，主動撥出更多時間幫助自己投入的新創事業，反之也有人身兼數家公司的董事，目的是領取董事會費。不管履歷怎麼漂亮，如果對方不用心幫你打造很棒的公司，不想與你一起解決麻煩，那就另請高明吧。

另一方面，別讓董事們油盡燈枯。如果你的團隊不時跟他們通話、開會，恐怕他們接著就會拉開距離或乾脆辭職，尤其是那些仍有全職工作者。如何拿捏確實不容易，你寧可嘗試多要一點，但也必須尊重他們背負的其他責任。

董事會成員來開會前應該做好準備，事先看完所有資料（記得提早幾天提供資料，讓他們有充分的時間過目），帶著深思過的問題與論點前來。如果你跟首席董事有盡到責任，大家在事前也會拿到重要議題，開董事會時便可集思廣益。董事會會議旨在深究、討論和決議，而非閱讀早該看過的文件資料。

Rule 72 定期評估董事的表現

就像你的管理團隊，董事會成員之績效與適任性，也需要經常接受評估，甚至定期再評估，以確保其投入程度，有效爲公司增添價值。傑出的領導者、單兵作戰的好手，都不見得會是優秀董事。每一名董事的來頭都不小，當面告知他表現不理想，是一件頗有難度的事，更別說要他們辭職。但你值得擁有高效能董事會，就像你值得擁有一支能幹的經營團隊，而要改進績效，回饋有其必要。只要將此事制度化，就比較不會冒犯到你的董事們。

這些評估不必是冗長的書面形式，可以很簡單，像是整合其他董事與你的意見，與對方一起喝杯咖啡，建設性地傳達結果。對上市公司的董事會，機構投資者大概會進行正式的評估，但你的私有公司就不必大費周章。訂出一些簡單的標準，例如出席率、準備工夫、會期投入時間、討論品質、貢獻價值等，一致要求所有董事。人人都知道你的期望，也明白自己是否符合。

隨著公司成長，極有可能希望董事會成員有不同的專業與經驗。若公司經常進行對董事會的審核且效率足夠，大家應該都會坦然接受這個自然蛻變，不該有人視爲私人恩怨。聘請董事會成員之初，你一定要強調這一點：董事角色隨著時間可能要改變。如果略而不提，將來要調整時就會很棘手。

Rule 73

財務長與董事會的特殊關係

有些經驗不足的董事會成員或許認為，財務長只不過是高級會計。然而，財務長及執行長其實是公司唯二有主要信託責任的高階主管。財務長有責任編纂正確的財務資訊，即便那與執行長的說詞不符；財務長有責任呈報違規事項，例如人力資源投訴，也有責任對公司的體質與展望發表看法。別誤會，公司只有一名領導者，那是執行長；但財務長絕非只是管理團隊的一員，她/他還是董事會的受託人。

在這個前提下，董事會隨時可以聯繫財務長，即便執行長不在場；財務長應能隨時聯繫董事會，尤其若財務長的職責涵蓋策略及營運，如管理法律事務與人力資源。這在草創公司並不罕見。

經驗不足、安全感不夠的執行長，可能會想阻止財務長自由接觸董事會。

別讓這種情況發生。董事會應自外於公司政治，卻也要努力維護這段特殊關係。直接聯繫財務長，可以確保公司某種程度的制衡。財務長與審核委員會密切合作，一來可隨時表達她/他對公司營運的看法，二來可直接向董事會提出所有疑慮。董事會開會時應能直接探尋財務長的觀點，以鼓勵坦誠，避免財務長與執行長意見不同的尷尬。爲了健全公司的治理，你要維護這種關係，不可干涉董事會與財務長的自由溝通。

Rule 74
創辦人應全力挑選最佳執行長

創辦人通常在公司裡扮演兩種極端不同的角色，他們給予願景和承諾，那是只有催生出這家公司的人才具有的。再者，他們往往肩負某種管理職責，通常是擔任執行長。

你還不需要爲這種差別感到困惑。除非你已帶領過一家迅速擴大規模的新創事業，知道怎麼建立及管理組織、研發產品、帶動業務行銷、監控財務、打造獲利企業，否則，你只是替補執行長。

創辦人會跟公司一路成長，直到管理一家上市公司，就像比爾・蓋茲（Bill Gates）與微軟公司那樣，這種神話的背景是在新創事業成長速度還沒那麼驚人的時代；儘管很難，但像蓋茲那種聰明人，還是有機會與公司「即時」成長。到今天，這種可能性仍然存在，但難度更高，也需要不一樣的元素。馬克・祖克柏與臉書辦到了，但他身旁有經驗老道的雪柔．桑德伯格（Sheryl Sandberg）；賴利．佩吉重新掌舵谷歌之前，是先追隨著艾立克．史密特（Eric Schmidt）與比爾．坎貝爾。

創辦人的願景和創新精神，是新創事業初期最重要的元素。整個重心在於做出產品，成立小團隊，還沒有業務要經營。隨著公司發展，營運能力愈來愈重要，並達到影響公司成敗的程度。公司愈成功，你邊做邊學會經營的機率就愈小。

到了這個時候，創辦人就該警覺自己扮演的兩種角色。身兼創辦人與重要關係人，你有責任爲團隊和各關係人盡力找到最棒的領袖。倘若最適合的執行長人選不是你，你就該把自己換掉。畢竟，是願景的實現比較重要？還是執行長這個頭銜？做個卓越的創業家，遠比當個平庸的執行長有價值。你可以聘請訓練有素、經驗豐富的管理團隊。

不妨請董事會列出他們所認爲的，公司各個階段的執行長該具備什麼條件。工作重點勢必隨公司成長而改變。如果你知道自己該做什麼，就會是第一個發現自己不斷落後的人。不要拖延到董事會必須出手的糟糕程度。身爲創辦人，你必須主動解決領導力缺口，聘用頂尖人才，尤其你找的是自己的接班人。

董事會也許會試著指導創辦人兼執行長，或從外面找專家協助創辦人兼執行長突破極限，但是，就像婚姻諮詢一樣，結局往往仍是離婚。如果公司持續出現管理不善或領導經驗不夠的訊號，像是人才出走潮、無法按照預定時程、達不到財務目標，董事會往往別無選擇：只有換掉創辦人兼執行長。

放棄創辦人兼執行長職位，並非沒有困難度。投資者面臨的兩個最大風險就是：第一筆投資，以及換掉創辦人。創辦人爲公司帶來的願景、創新、熱情、投入，幾乎無人能取而代之，如果能讓他擔任某個重要角色，繼續留在公司最好，通常這個角色會是董事長，凸顯董事會一直以來的貢獻，繼續激勵其士氣。若能出任某個高階領導職務，卻不影響新領袖的發揮則更好，例如技術長，如果他們在技術方面見識非凡；或策略長，如果他們敏銳於掌握趨勢，善於跟外部夥伴往來。

我們就有過這樣的經驗。那是一家很有希望的新創公司，年輕的創辦人滿腔熱情，充滿創意，渾身是勁。但身爲領導者，他十分善變。公司成立數個月後，他因爲一些小事而開除了共同創辦人，之後又一個個找管理團隊的碴。營運依然不錯，但在他凡事都要插手的管理風格下，漸漸施展不開，最終有些人私底下去找董事會，威脅若情況不改善就要離開。

董事會請來一位人力資源顧問，與團隊成員展開個別面談，之後交給執行長一份匿名績效評估，也就是所謂的三六〇度回饋。執行長大爲光火，自認爲受到迫害。董事會在無奈之餘，決定忍痛換掉執行長以留住團隊，讓他擔任行銷副總。這位創辦人心不甘情不願地跟董事會一起找到接班人之後，沒多久又跟新老闆槓上。於是董事會撤掉他的管理職務，但還是讓他擔任董事。情勢益發緊張，他的脾氣幾乎讓公司滅頂。這個結果令人唏噓，明明是很棒的創業家，卻完全無法領導他人。

草創公司往往太小，不會有什麼健全的接班計畫。找到新的領導者需要時間，創業家的工作職掌也很難定義。能找到一個經驗豐富、跟創辦人順利搭配的經營者，簡直難上加難，在過渡時期，有些臨時執行長暫時頂替，但只像個看護而非領袖，公司瀕臨垮台。

在面臨任何轉換時，董事們，尤其首席董事，務必安排時間尋找適合人選，安定公司的人心，指導團隊的剩餘成員，讓大家穩住陣腳。理想上，董事會組成時，應該就要有一位能在危急之秋挺身帶領公司一陣子的人。很遺憾的，新創事業往往以爲這是他們無法負擔的奢求。

Rule 75 尋覓教練

你處於陡峭的學習曲線，事關員工生計與龐大資金，你不能失敗，別假裝你可以。找一個能幫你度過難關、超越自我的人，即便最終你仍得要尋覓自己的接班人。

關於這麼一個人的說法有很多：顧問、教練、導師等，而他們不盡然相同。

顧問會帶給你欠缺的經驗與核心專業。在你的強項與熟悉領域以外，他們能給你建議。就其專業領域，他們很能提供戰略思考。當你從事新挑戰或遭遇陌生問題時，他們很有幫助。顧問讓你成為更廣博的執行長。

教練提供訓練，提升你的技能，協助你更適任。他們或許跟你一起解決行事曆工作爆量的問題，或是你的溝通風格、帶領團隊開會的能力。總之，看你當下哪個部分需要突破。他們滿腹洞見，能帶你迎向更大的場面。教練讓你成爲更熟練的執行長。

三者當中，導師最少見，他們是你的人生導師。導師不見得具備什麼艱澀的專業知識，也不準備提升你的技能，他們讓你變得更好，就這樣——協助你成熟發展爲更好的一個人。一位領導者，而非只是一名執行長。他們悉心培育你，不見得在意你的公司。比起你的職業生涯，他們更在意你的品格。假如他們認爲你的職務或工作不適合你的自我發展，他們會告訴你。導師讓你成爲更好的自己。就這三種關係來說，化學作用很重要，與導師的化學作用更是無與倫比。他們要能相信你的潛能與人格，願意毫不保留地向你揭露眞相，而你也必須坦然接受。

很多創辦人兼執行長都蒙受導師之恩。在矽谷，人人敬重坎貝爾的導師地位，他絕對有資格當業務行銷顧問或訓練執行長，但他那激發別人最好一面的特殊能力，使他成爲極了不起的導師。史蒂夫．賈伯斯、賴利．佩吉、艾立克．史密特、史考特．庫克（Scott Cook）、傑夫．貝佐斯（Jeff Bezos）等人，甚至我們倆之一，都曾有幸領受過坎貝爾的溫暖、友誼與奉獻。

所以，好好找一個能讓你更聰明的顧問；趕快找一個能提升你表現的教練；而你若三生有幸，也許還能碰到一位讓你變得了不起的導師。

話說回來，不是任何事都有辦法教導或學會的。每當遇到某個人的極限，坎貝爾會說出他那句名言：「身高是教不來的。」意思是，有些東西你有就有，沒有就沒有，無法強求。當你面對自己的極限時，以公司最佳利益爲念，還是找人代替你吧。

Rule 76

會議效能是執行長之責

你找來一群忙碌、有影響力的人組成你的董事會，他們有各種機會投入時間與精力。有的董事仍有全職工作及自己的問題要忙，你要有所意識，善用他們的時間，縝密地安排活動。

有太多董事會會議，都只是由管理團隊展示一堆東西來取悅董事會。包括績效、財報、治理問題，加上瑣碎的主要指標。

董事會會議是寶貴時機，能讓你有這群智囊團一起面對使你夜不成眠的重大問題。這是讓他們繼前次會議之後，迅速掌握重要情報及變化之時，也讓他們了解來龍去脈，以便深入評估、討論關鍵議題。安排好足夠的時間以供提問和討論，別搞成一堆演說，讓董事無聊而心不在焉。**記住**：你的董事會來自經營及投資背景，他們喜愛處理難題。

董事會會議也是你的大好時機，能讓你後退一步，以老闆的格局思考，而非迷失在日常瑣事中的管理人身分。此時，你不只見樹，更能見到整片林地。會議前的準備，讓你有機會以廣角思考。所以，董事會會議是讓你與董事會併肩協調策略及戰略的大好良機。

就算只有理想的五名董事，沒有觀察員，每個月兩小時、每季三小時的開會時間還是非常緊迫。為了便於討論，我們且來深入檢驗每季一次的三小時會議。假設這一百八十分鐘裡，暖身討論、休息和總結便用掉三十分鐘。再假設管理團隊簡報占掉剩餘時間的四分之三，如此一來，還有三十五分鐘可以提問、討論、交鋒和決議。假如一項重大議題平均要討論十分鐘，就只夠討論三個半——各董事幾乎難有機會提問或評論。他們花了這麼多時間與心力，多麼可惜。所以，想充分運用董事會，就看你如何有效掌握這個會議。

試著扭轉會議的安排。把公司狀況、指標、財報等匯報數據擺在會前資料，以清楚的註釋與摘要，協助董事會消化吸收，將特別重要的訊息強調出來，以利於大家記住。將寶貴的會議時間留給重大議題，讓董事會貢獻重要價值。無論是會前資料或會議本身，都千萬別用一大堆數據和附錄淹沒董事會，你得負責提煉必要的資訊，才能從他們身上汲取最高價值。專注在那些讓你的團隊輾轉難眠的問題，依重要性排序。

把這些討論分成兩類：描述性（descriptive，進展如何？有照著計畫走嗎？），規範性（prescriptive，此刻得做哪些重要決定，才能順利前進？）。緊扣會議時程，也容許有建設性的離題討論，但別因而排擠重大課題。缺乏管束的會議，經常花太多時間在描述性議題上，規範性議題談太少。

會議開始前，不妨扼要歸納會前資料的重點，讓大家聚焦。但不管你做什麼，就是別向董事會唸投影片的內容，也別讓你的團隊這麼做。沒有什麼比這更能催眠董事會了，他們也許還睜著眼，大腦卻早已關機。

Rule 77 別對董事會「自吹自擂」

爲了募得資金、組成董事會，你曾經竭力推銷。爲了把人找來，覓得合夥，贏得報導，讓世界相信你們將改變一切，你每天都在推銷。而當你來到董事會會議時，就別再推銷了。

你的董事會成員精於此道，恐怕他們也靠此維生。但身爲你的智囊團與心腹，他們不希望被你推銷，而是想要知道眞相。他們準備與現實搏鬥，跟你併肩克服萬難。若要他們發揮效用，他們就得知道毫無虛假的實情。別向董事會推銷。

你應該讓他們知道一切，讓他們全力幫你。如果你藉董事會會議推銷你的決定，等於在浪費寶貴的資源，可惜了他們的一身好武藝。另外，你可能因此造成嫌隙，最終自毀信譽。他們一眼就能看穿推銷員的伎倆。在某個重要時刻，你可能需要董事會相信你而投你一票，但你的過度推銷卻已經扼殺了那最後的一點信心。

有些較嫩的執行長或創辦人在面對董事會時，一不小心就會自視甚高，甚至面露鄙夷。你可能會聽到他們這樣講：「他們根本不懂我的生意……」「開董事會會議只是在浪費時間……」「我才不準備討論任何棘手問題，董事會老是過度反應……」。如果這聽起來耳熟，只能怪你自己；讓董事會發揮效能，是你的責任。如果董事會成效不彰，別把他們塞進盒子就關燈走人。把這個題目帶到董事會一起討論，讓他們告訴你，你該如何管理他們與整個會議。

若管理團隊一味地推銷自己的決策，不願意坦白請教及討論，那麼董事會將無法看清眞正的問題，不僅會導致信任潰散，也無法做出最佳的決議。之後可能演變成你的正確作法在他們看來是驚人之舉，因爲你沒有讓董事會了解隱藏在決策背後的問題。但他們要如何了解呢？你一直用推銷來遮掩困境。

這不是說，你不該強調及慶祝好消息。董事會會議應該維持平衡。不妨在會議開始，先秀一張「精采摘要」（highlights）展示進展順利之事，一張「低潮一覽」（lowlights）展示挫折事項；以及結尾一張「讓我輾轉難眠的事」。這樣一來，董事會就能聚焦重點，並於下次開會時持續追蹤。

這也不是說，你必須過早提出還不成氣候的問題。一天到晚嚷著天要塌了，並非過度推銷的替代方案，中間還是有理想點的。

你務必要充分告知董事會，以獲得他們最好的協助、看法和回饋。什麼都不知情的董事會毫無作用。有智慧的董事會，在聽到壞消息時不會過度反應，對因應變化而推出的新點子、新策略，也會正面評估。

Rule 78

理想的董事會開會議程

召開一場好的董事會會議，並沒有特定議程。各執行長與董事會應視自家需求而定，但可參考某些範例，以下是爲三小時會議所做的安排。

1. 介紹與概述（十五分鐘）

「精采摘要」、「低潮一覽」和「今日完成目標」。

爲此會議設定流程及目標。這也是回顧前次會議「讓我輾轉難眠之事」後續的時機。

2. 績效狀態更新（二十五分鐘）

前次會議至今達成的事項。

向董事會更新這些資訊：關鍵指標的重要變化，上次會議至今與截至目前的年度財務績效、工程時間表、產品狀態等。包括目前績效相對於計畫、稍早預測之比較，做出解釋。之後是上次會議交代的任務狀態更新。

3. 營運前瞻更新（二十五分鐘）

核對最近預測與年度營運計畫是否一致，針對任何調整說明原因，分享會影響計畫的新資訊，討論營運未來，包括產品路徑圖（road map）、招募計畫、募資策略、競爭態勢、銷售預測、新措施提案；若有落後，又將如何讓公司照計畫回到正軌。

4. 休息（十五分鐘）

檢查電子郵件及手機，補充能量。

嚴格執行這個部分。當董事們知道何時可以休息，就比較不會在開會時拿出手機離開會議室。可能的話，安排兩次休息時段，可提高全體專心開會的機會。前提是他們必須準時回來，時間才不致拖延。

5. 深入討論（六十分鐘）

①討論眼前最嚴峻的挑戰（最好不超過兩或三件），約三十至四十五分鐘。

②討論新的成功機會，約十五至三十分鐘。

6. 結論（十五分鐘）

①對所有重大決議及你建議之方向，達成協議。

②分派任務，指明下次開會前必須採取的作爲。

7. 閉門會議（十五分鐘）

要求你的團隊離開會議室。依照慣例，若討論題目相關的話，財務長與顧問留下；但若議題對其十分敏感，你也可以請他們離開。可涵蓋公司所有層面，就員工認股權、董事會決議案、任何治理條款，取得董事會的同意。

8. 私下談話（十分鐘）

你離開會議室。外部董事會成員自行討論亟待解決之事。首席董事再直接把結果告訴你。

Rule 79 全力準備董事會會議

你至少要在會議的前兩天把相關資料寄給董事會成員，讓他們有時間消化和思考。確保會議時間充分運用是你的責任，事先過濾資料則是每位董事之責。往往董事們，尤其是手中握有龐大組合、擔任多家公司董事的投資者，直到開會時才會首次過目文件。他們應該事前準備想深入討論的任何議題，且與首席董事或直接跟你討論放入議程的可能性。

開會時，可考慮爲每位董事準備一份紙本資料，一來他們無須自備，二來不用打開電腦或平板。這樣可以確保大家的注意力都在同一個地方，也不會有人分心查閱電子郵件。

董事們最好能帶著前一次的會議資料，以利於比較。當兩份文件擺在一起，就容易看出公司說詞一致，有做到承諾之事，重要事項沒有遺漏。更好的是，你要報告主要績效指標、目標及關鍵成果、財務報告等各種績效資訊時，可以用時序性、可比較的度量列呈現，再補充說明那些趨勢與變異內涵的意義。

接下來的這一點似乎微不足道，但術語會是一個問題，釐清下列度量是很重要的。年度經營計畫（**AOP, annual operating plan**）是一年準備一次，每個財務年度之初由董事會通過。這是公司官方紀錄計畫（**plan of record**）。之後再根據預測定期更新，通常一季一次，根據實際績效與最新情報調整。

儘管後續預測會轉變爲新的紀錄計畫，但對照最原始的年度經營計畫仍十分重要，否則你建立正確計畫的能力不會進步。能對變異負責，就會日益精進。

Rule 80 善用日常管理資料

對於正在賠錢且不斷燒現金的新創事業而言，時間完全就是金錢。所以你要盡量省下準備董事會資料的時間，善用現成的管理計分卡、簡報、關鍵績效指標、目標及關鍵成果等。你與團隊每天審核、在每週管理會議報告的資料，涵蓋董事會會議所需的基本內容。如果沒有，那你的管理就有問題。

董事會想知道你的團隊表現如何、面臨哪些問題，這些應該都在你們日常營運的資料裡。以同樣的資料爲董事會量身調整，記得他們可能需要更多解釋、細節和脈絡，因爲他們不是每天思考你這家公司。

此外，你可以要求團隊每人提供兩張投影片，扼要說明其表現與眼前的問題。讓大家採用相同的格式，你就可以迅速整合爲一份扎實的董事會文件。如果能讓財務長或顧問負責潤飾簡報內容就更理想，而最終是你得負責簡報內容，所以一定要仔細看過，完全認可後才交給董事成員。

常見的一個錯誤是丟一大堆資料給董事。**記住**：他們跟你一樣，非常忙碌；他們也跟你一樣，期望溝通能夠俐落簡潔，直指核心。別把只有少許幫助卻非必要的資訊，拿去煩他們。你可以把其他資料擺在附錄做爲參考，但即使那樣也可能過頭了。

如果你能精省準備這些資料的重擔，引導董事會只看最重要的部分，就能讓全體的心神用在重大課題上。董事會的討論時間是你最稀有的資源之一，往往一年不超過二十個小時，因此要傾力發揮時間效益，而非準備一堆漂亮的投影片。

Rule 81 無異議通過太多決定，並非好徵兆

無論問題如何困難、你個人對結論有何疑慮，若董事會總是達成一致的結論，你就有麻煩了。這可能意味著三件事：一、團體迷思嚴重；二、董事會對你不夠嚴格；三、整個董事會的溝通效能不彰。更糟的是，他們根本心不在焉。

董事會與執行長常擔心出現決議分歧。這或許是律師所造成的：他們總希望董事會會議紀錄顯示的是無異議決定，因爲他們相信，萬一涉及訴訟，這樣的紀錄才站得住腳。不是嗎？當衆人全部同意，必然是個穩當的判斷。但實際上，情況往往相反。

看法分歧顯示聰明人會聽也會想，有自我主張。那才是你想要的董事會。愈眞誠地討論和激辯，各方互相的理解和信賴也愈高。太多一致的決議，可能意味著董事會放棄其權力，或是被剝權。

很遺憾的，董事會做出一致決議之後，時常緊接著發生執行長被開除一事，這看起來似乎出人意料。大家眾口一致，他的績效考核看起來也很好，到底是怎麼回事呢？事情就是，董事會成員沒有坦誠說出心中的疑慮，執行長沒有機會了解他們真正的想法。大家只有「融洽相處」，無法互相挑戰。這絕對是個大麻煩。

你一定要鼓勵董事發表意見，拋出難題。別要求他們放棄異議。健全的董事會開會過程就該有不同的意見。各種問題和反對意見得浮出表面，你才有機會一一解決。你必須聆聽，思考，然後決定。

在公開辯論與適當的異議後，董事會全體可能會支持單一決議，儘管各自也許偏好另一個選項，重點是，最後的決定需要經過董事們全心投入的思辨過程，而非只是當橡皮圖章似地舉手贊同。討論和爭辯不同於投票。討論時，眾人的不同看法有機會被聽見，投票則無關你個人是否喜歡這項提案，而是經過所有辯論思考後，你能否真心支持這項決定。不用說，一旦做出決議，每個人都必須支持它，並放下自己的立場與想法。

Rule 82
藉工作會議與委員會強化要務

在董事會會期之間，你應該邀請或要求董事們與你的團隊參加特定工作會議，這會讓董事更熟知你家公司的細節。在他們能做出貢獻的層面有他們參與，所做的決議就比較屬於集體，而非個人。邀請董事列席工作會議，也能讓他們體會某些日常事務的複雜程度，而明白你不得不做的困難讓步。這對你的團隊也是一種機會，能在董事會前展現能力，建立交情，而董事們相對也更能評估這些成員。

舉行董事會小組委員會也很有幫助，這會立下先例，讓董事參與部分繁重的治理問題。舉例來說，具金融背景的董事可加入審計委員會，招募經驗豐富者可加入薪酬委員會。當執行長必須排除某些董事列席特定討論時，這就格外重要，比如說，某個重要投資者同時也是潛在買家、供應商或競爭對手。

成立正式的委員會，而不僅依賴工作會議，也是在向公司全員顯示這項課題的重要程度。舉例來說，持續募資是公司重要的長期策略，不妨成立一個特殊戰略募資委員會；受到法規嚴格管控的公司，比如網路借貸公司，則不妨設立一個監察委員會。

Rule 83

董事會應該花時間認識團隊

讓董事會看到你最優秀的人才。對你的這些成員而言，一來表示對他們的肯定，二來是要求他們行動，會強化他們扛起績效的決心。若你想緊盯作業執行的時程，可以要求相關成員負責於下次董事會報告該項議題。這是很有效的激勵。所有人都希望在董事會前樹立形象。你要教他們拿捏簡報與溝通之道，讓他們能夠充分把握展現的機會。

透過這些機會，你的團隊也可以直接聽到董事會的談話，了解他們的重點和疑慮。相對地，董事會也可以趁機認識公司上下的優秀人才，明白他們的能力、抱負及挑戰。這樣一來，當你想提議讓某人升遷加薪，若董事會也認識此人且頗欣賞其表現，事情就好辦許多。

請董事與團隊召開工作會議是一個辦法，也可以安排問答會議，比方在董事會會議或特定活動（如每季全員會議）結束之後。與會者可以包括公司所有人，或是特定群組。這頗有助於董事們個別做出貢獻，評估公司文化和士氣，直接傳達他們的觀點。這也爲某些直接對談預作鋪陳，例如員工想檢舉性騷擾或不當商業行爲這類敏感議題，卻覺得必須繞過管理階層。董事會要讓大家覺得，若遇到對公司影響很大，管理階層卻沒辦法解決的情況，可以安心來找董事會。

當然，這一切的前提是，衆人絕對信賴董事會成員的體諒與技巧，絕不會做出破壞公司、引發內鬥、揭發告密者之事，董事必須非常堅持這一點。

當員工前來質疑公司的領導時，董事會必須迅速且謹慎地回應處理。倘若沒有，董事會就會失去公司的信賴與尊敬。

Part 5

達成變現

Achieving Liquidity

上一部談了如何打造及管理一個高效能的董事會。

來到第五部，我們要討論常被誤解的變現問題，許多人以為變現就是所謂的「出場」。有些時候，你跟投資者會想釋出你們創造出的部分價值，這叫做「達成變現」，變現不盡然是出場，後者是指股東把持有的股權全部賣掉，那的確會帶來變現。公開上市往往被視為套現的極致，然而併購其實占更多的變現實例。除了上述兩者外，必要時可提供變現功能的，還包括次級市場、私募股權投資者，甚至創投。這一部的規則將協助你為不同的變現選擇做準備。

Rule 84 打造永續事業，步步經營流動性

建立永續公司與達成變現，這兩件事並不相斥。投資者常念茲在茲地要求管理團隊別管出售機會或變現事宜，專心打造一個可以堅強存活的企業就好。這聽起來似乎頗有道理。

創業者當然有能力創造可帶來財富、影響和創新的引擎，但大家往往對他們所做的事有些誤解。發明家創造新的技術，但這項技術在被活用之前，不能稱為產品；產品不等於公司，直到你撐起這個組織，把這些東西推向市場；公司也還不能算是一門生意，直到賺取利潤，不再苦求投資者，而能靠滿意顧客付的錢存活下去。

「養大一個有價值的獨立業務」應該是最高指導原則。沒錯，的確有些新創事業在產出什麼，甚至連半個顧客都沒有之前，就有了驚人的斬獲——

WhatsApp仍看不出怎麼賺錢，卻以近兩百億美元賣給了臉書；LuxVue，這家創新的LED顯示器公司之所以默默無名，是因爲它還沒出過一台商業螢幕，就被蘋果公司買下來。它們都是極爲罕見的特例。

建立一家收入高過支出、成長勝過對手的公司，才是創造價值（與變現能力）的不二法門。其他都不在你的掌控內。

話說回來，機會來臨時一定要回應。當你做的東西很有前景，別人也會看見，就會有人想把你買下來，以提高競爭力。最後，你可以選擇不要這個機會，但至少要先開門。

到了某個時間點，尤其你有機構投資者，自然會開始留意變現機會。這是創投公司回饋給有限投資者的方式；這些有限投資者包括退休基金、主權財富基金、捐贈基金（endowment）、財團、個人等；創投公司給你的資金就是來自這些地方。當你接受創投的錢，就是同意在適當時機確保其股份有價值、能變現，讓他們可回饋可觀的報酬給金主。如果你不確定要達成變現，就別接受機構投資者的資金，否則勢必會產生巨大的衝突。即使沒有機構投資者，當公司發展到某種程度，員工也會想嚐嚐自己辛苦付出所帶來的果實。

變現或許讓某些投資者賣掉股份由此出場，卻也給公司帶來募資的機會。如何回饋員工與投資者，又兼顧繼續成長的融資需求，這兩種策略必須相輔相成。變現不盡然是最後的結果，它可以是打造繁榮企業的健全步驟。

Rule 85

變現不僅止於首次公開募股與收購

變現經常涉及股票公開發行或公司出售，但實際上你有更多的選項，尤其當時機有利於你拿到大筆現金，讓公司維持獨立更久。了解各個利益關係人對變現時機的期待，是很重要的，這可以避免產生衝突。好消息是，其實有多種工具讓關係人有變現的機會，也不影響你繼續衝刺新創事業。以下就是實現流動性的幾種工具：

1. 新創公司可運用本身現金向股東買回股權

前提是你要有錢。即便這個方法很直接，仍會引起某些利害關係人對公司花錢選擇的疑慮。做出買回股權的決定時，一定要慎防對市場可能產生的負面觀感，並確保手中仍有足夠現金持續發展，防範風險。萬一你才剛買回股權，營運隨即出現狀況，以至於不得不再設法募資，即便不是太慘，也十分難堪。就私有新創事業來說，要決定買回的價格是不容易的。如果你只針對部分股東而非全部，也可能引發異議甚至訴訟。通常這在好的顧問或銀行的建議下得以解決，但是有點麻煩。

2. 內部投資者可購買其他股東的股權

一般稱爲二次銷售（secondary sale）。公司出售股權獲得資金，是首次銷售；發生於私有關係人之間的二次銷售，則是某股東賣出手中股權，公司並未發行任何新股。這提高了某些股東的擁有權，也爲其他股東提供了變現性。（作者注：另有一種由公司方面進行的二次發行〔secondary offering〕：公司先前已透過首次公開募股首度發行股票，這回再度發行新股募集資金。有別於與我們這裡所談的二次銷售。）

這個方法的優點是無須煩心募資之類的活動，省去無聊的簡報，沒有法律費用或新的投資條件，純粹是私人之間的交易往來。根據認股協議書（stock purchase agreement），公司多半有權否決股票私下銷售，所以你（及其他有此否決權的股東）要先放棄這項權利。

再強調一次，私下銷售的股價設定很微妙，但只要有人想賣，他人就有收購的機會，這屬於正常交易。你要注意的是，收購方的持股增加後，勢力將變大，以及這對公司可能產生的影響。你也要確定，這個價格不會抵觸員工認股選擇權定價（接著會討論）或將來的募資。

3. 股東可自行出售股份，視為一種公司募資

這是首次銷售與二次銷售的綜合體，由公司主導這個機會，創造需求，讓股東有機會出脫部分持股給新投資者，視爲首次銷售的一部分。優點是，公司獲得首次銷售的資金，出脫的股東在二次銷售時獲得變現，新投資者則得以從公司與既有股東手中，以公司磋商價格買入股權。當新投資者希望拿到的股份，大於公司首次銷售願出售的份額時，這是很不錯的解套辦法。若將普通股與優先股一起賣，可能會很麻煩，因爲兩者必須個別估價，但仍然可以解決。

每當股東出售股權，無論是賣回給公司或其他人，都有必須注意的陷阱。普通股及認股權比優先股便宜，優先股因本身的優先權而較爲値錢。董事會授與員工認股選擇權的時候，必須制定履約價，當員工履行權利後，就以此價格買下選擇權以拿到股份。通常這是合理的市場價格；在美國，當員工被視爲已得到相當於此額外股份之所得，授與選擇權的當下，即會課稅。這實在不對，因爲認股選擇權不能變現，員工得自行掏腰包吸收稅金。

有一種讓第三方專家評估私有企業普通股股價的機制，在美國稱爲409A價格。除非公司有重大改變，董事會可依其估價制定認股選擇權履約價一年。若普通股或甚至特別股的售價，與公司近期價格有距離，恐怕會扭曲原本管控良好的程序，造成員工額外的稅務負擔及未來認股權履約價上升，後者將影響招募，降低對人才的吸引力。

再者，二次銷售將改變你的股權結構。這可能帶來你不希望有的新股東，例如競爭對手。在美國，當股東人數超過規定後，政府可能就要你在證券交易委員會（SEC）註冊，導致你過早受到法規限制。在原始的股票購買協議書上，應該註明你握有一切二次銷售的控制權，你才能決定這些事情，而非被迫接受。爲了保障公司利益，你要密切掌握每筆二次銷售。

4. 你可以選擇上市，或正式講法是：進行首次公開募股

在美國，首次公開募股大概需要三到六個月，多由投資銀行協助，在合乎證券交易委員會規範的交易所申請註冊。這不僅使股票公開交易帶來變現，也可以爲公司的成長募資，但它不是沒有代價的。高階管理層將數個月不得專心：要四處向大眾投資者反覆推銷；十分可觀的法律及會計成本；如果聘用投資銀行，又將是一筆巨額費用；持續的嚴格法規也將改變你做生意的方法。在美國，若你符合推行不久的新創公司快速啓動法案（JOBS Act），這個過程就比較簡易，但投資者的風險相對較高。

5. 你可以把公司賣給第三方，讓其他公司以股票、現金或兩者的組合買下它

如果你符合私募基金公司的標準——通常是正現金流龐大、市值被低估，

他們也可能成爲買家。這條路可明確達成變現性與出場，但當中充斥著整合、喪失控制權、策略走向等問題。

少數幾家厲害的公司，確實曾藉著出售、槓桿運用買方資產，讓營運一飛沖天。其他則多半消失無蹤。唐娜・杜賓斯基（Donna Dubinsky）與傑夫・霍金（Jeff Hawkins）就能募集足夠多的資金，順利推出掌上型個人助理 PalmPilot。U.S. Robotics，一家富有但前景不佳的數據機企業，向他們提出收購要約，並保證他們將獲得母公司的全部信任，以及更重要的錢。就這樣，杜賓斯基與霍金不只成功推出了一項產品，而是個人隨身助理的新浪潮。後來，他們脫離母公司，成立了 Handspring，成爲第一家真正的智慧型手機企業。當然，這兩位是絕頂厲害的創業家；你最好不要輕易嘗試。

Rule 86 選擇上市，當心失足

初期進來的創投者，不是耀眼的財務工程師，而是堅毅踏實的經營家，他們要確保公司上市前正走到最佳狀態，對他們來說，公司的持續繁榮至關重要。珀金斯很自傲的一點是：凱鵬華盈公司的有限投資者手中，若有上市新創公司的股份，其報酬絕對遠勝於那些在首次公開募股時售股的股東。

實際公開發行的股票數量可能不多，價格似乎也低，但這麼做的目標很清楚：隨著公司價值成長，還會有二次發行。你有餘裕為公司的股票營造公開市場，打開曝光率與知名度，提升未來的銷售與成長契機。這條管道確實為許多公司、創辦人、員工與投資者，帶來長遠的財富。

現在，公司常傾向維持私有狀態久一點，部分原因是希望坐大首次公開募股的募資金額與股價，卻常因績效沒有達到市場的高度預期，而錯失最佳賣點時機或跌至預期之外。

務必記住，公司的最大價值取決於營收、利潤，還有成長率。若等太久，可能導致估值較低，儘管營收及利潤都有增加。舉例來說，如果利潤為一百美元，預期成長率為每年一〇〇%，估值可能達到一萬美元。而若利潤為兩百美元，預期成長率降為每年二〇%，估值可能變成四千美元。那麼多聲名顯赫的獨角獸（估值十億美元以上的私有企業），在準備大量變現前估值卻縮水，就具體說明了這個問題。

Rule 87

投資人與公司方面期待的流動性不一

投資者可能會反對新創事業低於某個價格出售，即便這可以爲所有人創造一筆可觀的財富。這些投資者期望更大倍數的投資獲利，寧可賭一把等更好的機會。這是創投者常做的事，因爲他們要極大化投資組合的報酬率，而非僅是你的新創公司。

若要更明白這一點，且讓我們做個簡單的創投算術。爲了便於解說，假設某創投者投資了十家初期新創事業，平均五家會倒，三家可以回本，兩家則可帶來最大收益。我們姑且假設，創投基金起碼的目標報酬率是一年二〇％；意謂一筆十年創投基金得有六倍（6X）的投資報酬（需已扣除費用），才能達到二〇％。若未能達到這個成果，那兩家投資收益王各自得貢獻三十倍的回報，才能讓整個創投基金獲得二〇％的複利報酬。

所以，如果公司賣給某戰略型買家可獲得五倍的報酬，對公司及員工可能都是好消息，對風險創投者卻不盡然。這再度凸顯在最初仔細過濾投資者條件的重要性，包括他們對流動性的期待、基金年限、資金狀態。

所有利益關係人都應該有此體認：當變現機會高過風險調整後的估值，馬上可以領到未來價值而沒有執行風險時，就是值得把握的出售時機。聰明而有經驗的投資者知道，儘管自己期待十倍以上的回收，但市場與新創事業卻充滿高度不確定性，一鳥在手恐怕還是比較值得，儘管這隻鳥兒稍嫌瘦弱。

Rule 88 個人也需要變現性

變現是你與董事會的一步重要策略，了解所有利益關係人的需求與期望，則是這一步的開始。首次公開募股或併購，能幫整個股權結構的投資者與員工提供股權變現，但不管公司如何融資，某些關鍵個人還是有其變現需求。跟著公司打拚許久的年輕創辦人之一，可能打算買第一棟房或迎接第一個孩子，若創辦人的額外報酬仍不足以應付，部分變現也許是一個辦法。

這對公司來說益處斐然，因爲可解除當事人的壓力，讓他專心工作，避免了潛在的留才危機。投資者常覺得，應該避免任何自己沒有參與的早期變現，以平衡衆人的利益，也不致對員工及未來投資者產生負面訊息。倘若創辦人剛賣掉手上的一百萬美元持股，你要如何說服一名新人的認股權前景無限？此外，少數人在早期變現，可能延緩所有人獲得變現的時機。已是身價百萬的創辦人，不會再像當初餐餐吃泡麵時那麼渴望上市或被收購。

在看待這個問題時，應著重在那些個人提前變現的動機與剩餘激勵（incentives）的大小，包括賣掉股權的百分比、繼續持有的百分比（是否仍有足夠幹勁？），以及變現機制、價格。你要能說服員工與投資者，爲何這幾人的早期變現不會影響他們對公司的熱忱。如果當事人的需求實在迫切，他繼續爲公司奮鬥的激勵又夠強，你應該可以撫平其他人擔心自己被蒙在鼓裡，不知重要內幕的疑懼。

這類交易可透過次級市場，流程簡化許多。或者，利用超額認購募資輪（oversubscribed funding round），讓少數員工將股份賣給新投資者。公司原本規定這些新投資者只能有一定的持股比例，如今他們有機會買進較多新股（primary shares），或許對大家都好。對於提前變現這個問題，「不」也許是正確答案，但在那之前，先提出正確問題，仔細聆聽。

Rule 89

公司估值有局部極大值

儘管創業家與投資者多半不願意承認，但新創公司就是等著賣，看價錢與條件。你聽過某些英雄般的事蹟，說某創業家推掉巨額支票並堅定前行，最終獲致遠超出自己夢想的成功，像是祖克柏拒絕雅虎的十億美元開價，將臉書打造成龐然巨獸。但你沒聽到那些推卻誘人開價後慘敗的故事，而且多不勝數。關於是否出售，眞正的問題是：相較於眼前的風險，這開價與條件夠動人嗎？那些只管繼續向前的英雄們，比起開價偏低的登門求婚者（lowball suitors），可能只是對風險的看法不同，也正確一些。

就絕大多數的企業而言，其估值潛力有一條S曲線。當成長變緩，估值增加的幅度也會減緩。許多人可能以爲，收入和利潤多寡是決定公司估值的主因，但對新創事業來說，成長率可能更重要。換言之，期待收入和利潤提高，成長率卻沿著S曲線趨緩，結果恐怕適得其反。

偏向資本密集的商業模式更是如此。一旦技術驗證成功，接下來打造全球業務、供應鏈、財務實力等的資金報酬，恐怕不是創投資金要的。試想一家小團隊生技公司，他們發明了一種創新藥物，但擺在眼前的是建造大規模廠房、物流、銷售等龐大費用及風險。也許這正是調整公司資金來源，以及把資產負債調整爲資金成本較低的架構的時機。你可以考慮引入後期私募股權投資者，其立足點便是較低風險與較低報酬，或者賣給資金便宜的買家。

所以，創業者與創投公司需時時留意其「局部極大值」（local maximum）。在數學裡，所謂極大、極小概念，是指某程式的最大、最小值。若以特定範圍，比方時間，來衡量這些值，就稱爲「局部極大值」與「局部極小值」。

商場運用此概念指特定時間或營運階段內的最高價值。舉例來說，你的新創公司在推出產品前，局部極大值也許是一百萬美元；營收達一百萬美元後，局部極大值來到五百萬美元。你可能會想：「五百萬比一百萬好多了，我最好暫緩變現。」但若考慮要建構把產品商業化、銷售、顧客服務等核心能力，加上其間投入的時間和金錢，恐怕接受未有營收前的局部極大值一百萬美元，會比較穩當。

創業者總是比較能忍受風險，也比較喜愛擁有權所帶來的精神滿足；創投公司仰賴投資組合中的大贏家，來彌補許多虧損，所以也可能選擇賭上一把，而不願提早出售。另一方面，員工、散戶投資者及後期投資者可能胃口不同，寧願提前出場。這些潛在衝突說明：決定怎麼處理局部極大值，你要衡量所有關係人的利益。

不妨考慮一個通則：絕對不要馬上回絕任何收購要約，就算你之後還是選擇不要。至少，這提供一個大好機會，讓你能與各方深談，抓出公司的局部極大值，也了解投資者與團隊的風險容忍度。

Rule 90

新創公司可以買，也可以賣

好買賣需要積極、有興趣的買家。但在公司擺個「出售」的招牌，看上去像是要跳樓大拍賣。想讓公司賣個好價錢，必須依步驟地吸引有動機的理想買家。董事會與投資者往往不曾直接涉足出售流程，可能覺得這取決於買家，而非賣方積極努力能成；他們反覆那句俗話：「企業是買來，不是賣出。」但要說誰是捕食者、誰是獵物，其實沒那麼容易。

若一家公司的營收、毛利、利潤和現金流量的連年紀錄詳實，競爭市場明確，也有詳細備忘錄供買方分析，若要出售，走傳統投資銀行業務流程即可。大型戰略買家往往會聘用銀行，來與內部併購團隊共同追蹤這類目標公司的資料，以做出最佳收購決策。

相形之下，出售新創公司就比較自助式。若要有最佳成效，得持續不斷地進行七道明確步驟，時時更新，機會來敲門時才不會慌了手腳。

步驟一：找出目標買家。

步驟二：確認誰是意見領袖（influencers），誰是決策者。

步驟三：確定關鍵收購指標（key acquisition metrics）。

步驟四：研究交易前例。

步驟五：準備文件。

步驟六：聯繫對方。

步驟七：準備就緒。

以下幾章，將分別探討這七個步驟。

Rule 91 主動出擊尋找買家，別等他人來挑

找出資金豐沛的大型企業，包括你所在的領域，或是你經營領域的受益者。他們會有興趣收購你的理由很多，也許是需要你的產品來滿足現有客戶或捍衛競爭優勢，也許是需要你的團隊以強化創新，也許是需要你的顧客來擴大其顧客群，或防止他們跑到競爭對手那邊。

他們的基礎設施也許可以讓你迅速擴充，卻無須增加成長或管理成本，就能使他們公司增值。增值之道就是利用其既有業務的槓桿作用，讓你這方面的多餘成本去除，使營收快速成長。這一點的迷人之處在於，稅後盈餘增加，將立刻反映到買家公司的估值，他們的股東會很開心。

買家可能對你個人有興趣，你與你的願景。具創新能力的領袖很難找到，大型企業不斷在尋覓能成為其內部創業家的創業者。戰略性收購（strategic acquisition）強化了該傳統公司的領導板凳深度，讓他們有機會把業務擴充至新方向，抵禦創新能力勃發的小型對手。

找出潛在買家後，下一步就是在其產業排出先後順序。你必須知道他們是業界領袖、飢餓對手或新加入者等。你得明白他們決策背後的競爭動機。倘若是一家業界排名第三的企業，執行長可能需要外力將公司推至龍頭地位，提高市值；業界第一者可能就沒有這個想法。第三名企業可能偏好戰略性收購，第一名則希望藉此增值。若是如此，第三名企業會比較願意以更高溢價來收購初期新創事業，交割速度也比較快。另一方面，若第一名企業感覺對手以優勢創新步步逼近，可能就願意出多一點，買下傑出的創意團隊與領先技術，以捍衛領先地位。

理想情況是先聯繫市場最積極的競爭者，然後再接觸領先者，看他們是否有意願藉由買下你來加強實力。如果只有一名買家有意願，就看你怎麼賣；如果至少兩家有興趣，就成了賣方市場。你希望的是一場競購大戰。

以大數據公司Graphiq爲例，它座落在加州聖塔芭芭拉（Santa Barbara），創辦人凱文．奧康納（Kevin O'Connor）是一位敏銳厲害的連續創業家，寫下一系列成功戰績，包括最後以三十一億美元賣給谷歌的DoubleClick。關於Graphiq，奧康納想專注在產品資訊及購買決策這塊珍貴核心，也就是爲買家在準備做出購買決定的關鍵時刻，提供更多更好的產品資訊。奧康納也認爲，大數據及演算法固然重要，仍有其不足，所以Graphiq以眞人編輯器（editors）來爲左右爲難的顧客縮小資訊範圍。Graphiq從消費者比價網站起步，後來是爲出版商提供圖表式內容（illustrative content）的服務。業務穩定成長，但奧康納不以此爲滿足，所以在二〇一六年決定尋找出售契機。

他聘用一家投資銀行來尋找可能的買家。出版業是第一步，這個領域有一些有遠見的老闆，Graphiq公司跟他們都有交情，但他們多半苦苦掙扎於日暮西山的出版業，沒人信賴科技到敢賭這麼大，把策略從現有模式扭轉到機器學習。

因此，Graphiq公司重啓調查。它的核心資產包括大數據、機器學習演算法、以這些方法製作的知識圖譜（knowledge graph），以及能持續推進這一切的精良團隊。剛好，二〇一六年，谷歌語音助理（市場龍頭）與亞馬遜的Alexa（市場第二）在智慧語音助理這個領域戰火升高，蘋果、微軟、三星等公司也陸續加入。這些企業個個規模龐大、野心勃勃、技術斐然，在一個前景看好的巨大市場相互拚搏。Graphiq從中看到一群更有機會的買家，而且可能會對他們的技術及團隊感興趣。

這個例子說明了你爲何要把目標清單當作有生命的文件，不斷隨著你的公司與市場進化而做更新。別畫地自限只看明顯目標，尤其是市場變化如此之快。買家們就是這樣，做爲他們的可能目標，你要隨時做好準備。

Rule 92 想出售，先摸清決策者

關於收購其他公司，每個買家都有自己的內部流程與至少一名決策者。若你希望引起注意，就要認識這些人，了解他們如何做決定。誰是他們的董事會成員、管理團隊、併購小組、外部顧問、銀行團及律師？這些人都有可能產生影響，亦即所謂的意見領袖，而你可能離他們不過兩層人際關係之遙，可透過你自己的董事、顧問或投資者牽線。這也是當初你選擇他們擴充生態圈的理由之一。當你準備好，就請他們安排介紹，幫忙美言兩句，以利於建立關係。

第二，畫出每位可能買家的內部決策流程。他們怎麼找到潛在的收購機會？誰負責建立這些關係？他們如何鑑識機會，又如何評估對方的業務？誰是守門員？誰做最終決斷？整個流程需要多久時間？

你可以找以下這些人談一談：曾經將公司出售給這些買家的人、走過這段

路但最後沒有出售的人、曾代表買方或賣方的專家，比如律師、投資銀行、會計師，包括曾參與這些過程的離職員工。

我們強烈建議，只要辦得到，你要親自參與這些會面。這類情報可能很敏感，你要打好關係，讓對方願意坦誠以對。這有一個附帶的好處：你可以趁機為公司宣傳。倘若時機恰好，這些正面效應有助於你獲得買方的關注。

但是在現階段，整個情蒐繪圖流程都只是默默進行，還不到直接接觸買家之時。你所需的資訊多半可以從公開市場獲得，聯絡外部人士一事也不至於打草驚蛇。剛開始時不必太正式；正式探詢可能會啓動時鐘，引發許多你尚未準備，或還不想回答的問題。

回到Graphiq公司。它在決定加入亞馬遜、谷歌、蘋果、微軟或三星之後，其高層就得找到與這些目標對話的最好辦法。他們跟這些企業都有關係，但都在出版那一塊，不是大數據，所以必須建立新的窗口。既有人脈都很樂意提供內部決策者的資訊，也樂於適時幫忙美言幾句。董事會幫忙確認誰是高階決策者。銀行團在這份名單上又添了幾位，並分享近期與這幾家企業的往來經驗，奧康納與團隊得以了解各家如何做成收購決定。在律師方面，則提供了最近的交鋒經歷、哪些人會有幫助。此刻，Graphiq已掌握了決策者名單，了解各家收購流程，準備踏出下一步。

Rule 93

找上對方之前，先確定彼此是否適合

你要知道買家對收購的期許。這聽起來像是要會讀心術才行，其實不然。仔細研讀他們所有的分析師報告、法人說明會紀錄、新聞稿及訪談、會議報告。他們會提及近期所有的收購屬性，也常會說到收購帶來的效益。這有助於你找出更多相關人士，以展開盡職調查。

再者，從這些報告中，也可以看到買家告訴投資者及分析師的重點，了解他們所認爲的企業發展方向，以及市場應該如何評估他們。拿你自己的相關資料和指標，跟你所知買家的重心相比較，自問：如果買下你，他們的企業會如何加速或改善其業務？若你還沒有評量，就自問得做到什麼程度才能與買家匹配。這會影響到你的執行策略與時程表。

Graphiq公司在思考能爲買家做出什麼貢獻之前，得先了解各家有關大數據的策略及走向。亞馬遜剛發表Alexa這塊業務的卓越表現及重要性。谷歌不甘示弱緊追在後，投下重金於谷歌語音助理與家用產品，來跟Alexa爭食市場。蘋果有Siri，家用產品這部分的策略則尚未明朗，儘管觀察家皆認爲它也正朝同一個方向努力。三星處於追趕狀態。有關這些目標企業的智慧語音助理策略，新聞稿及分析師報告都有詳盡報導。

對Graphiq公司有利的是，大數據與機器學習正迅速成爲人工智慧寵兒。之前的研究讓Graphiq明白，這些巨擘無不卯盡全力，迎向智慧語音助理結合家用產品的挑戰。奧康納已有充分資訊，可判斷各個買家分別能由Graphiq得到何種利益。

思索自己能從收購得到什麼之前，你一定要弄清楚買家能從中得到什麼。

Rule 94 了解買家收購史

儘管從過去不一定能預測未來，仍能從中得知不少關於這買家及其收購手法的寶貴訊息。研究買家及對手過往交易的收購價，那是你的「可比較交易」（"comps", comparable transactions），由此可以大概抓出自己公司的估價範圍。從這些資訊來判斷，公司要到哪個階段才有價值。你要特別留意，買家以往收購時曾給投資者或分析師的商業論證（business justification），這也適用於你的公司嗎？看看那些收購在分析師和產業觀察家眼中有多成功。買家從中得到什麼策略價值？被收購的新創公司，是成功融入，還是逐漸凋零？新創管理團隊是繼續留下來整合，還是很快就離開另尋天空？這些細節都值得玩味，因為曾經從過去的收購經驗中得到好處的買家，比較會積極尋找下一個對象。

你要把這些發現向董事會報告，他們會協助你鑑識買方的適合度。董事會最感興趣的大概是公司的潛在估值，從歷史資料入手，應該能讓衆人的期待一致。假如公司所處的階段不對或沒在適合的市場週期，或目標買家不可能付出你認爲值得的價碼，愈早知道愈好。戰略型買家的收購估值可能會有個限制，尤其當這新創事業缺乏長期的紀錄，或經驗證而可持續的稅息前利益或自由現金流量。若新創事業不能立即爲公司增值，很多企業是不會買的。即使你決定現在不賣，能握有這類資訊及公開討論選項，還是對你有利。

Graphiq 公司透過銀行團與董事會，掌握到各個目標買家的收購史——這是沒有出版的非保密資訊。若你有認眞挑選投資者及打造最佳董事會，這種時候就很有價值。凱鵬華盈公司與這些目標買家在許多方面都有往來，對他們的了解非常深入。凱鵬華盈公司介紹給 Graphiq 的銀行團，握有市場交易的詳細資訊。其他董事會成員也各有貢獻。Graphiq 在結合交易的公開資訊與產業私下見解後，能掌握各買家大概會如何出價。「可比較交易」輪廓清晰。至於各家買下新創公司之後，對人才的留任和激勵，Graphiq 也打聽到不少。理想的買家順序已逐步成形。

Rule 95

提高曝光度

倘若對方沒聽過你，不可能會購買你。而你在壯大機會的同時，要內斂一點，除非你實在無路可走，那就儘管放手去做。

若買家是從其他人那裡聽說你這家公司，是最理想的。與你的行銷或公關一起努力，爭取搏版面的機會。與分析師對話，說明你這家公司及你對產業的看法，成爲他們驗證觀點、深入產業內幕的專家。列名在他們出刊的文章報導中。決策者常習慣研讀產業新聞及分析師報導，以追蹤重要趨勢。

出席公開會議，或更進一步，在買家會參加的會議中擔任演說者。透過文章、訪談，將自己塑造爲意見領袖。出版白皮書，解說你公司的技術及產品。你的生態圈會推崇你，把你的名號引介出去。這一切的目的就是引起話題，獲得衆人的注意。

但要提醒一下：別刻意爲此自我包裝或失去眞誠。有些人天生外向，有些人內向，請順其自然，只是要多做一點發揮。假如你喜歡受人矚目，儘管上台或登上版面。假如你喜歡當意見領袖，多出版文章或與分析師談論。別爲了上鏡頭而譁衆取寵或趾高氣昂，但這確實是衝高人氣以博取注意的好時機。

Graphiq公司向來低調。奧康納從不刻意迎合媒體。業界敬重這家公司的成就，而非形象，但是該贏得一些注意了。Graphiq主動找分析師，解釋自家的技術和願景。奧康納的團隊聯繫工商媒體，探討其成長及勝利。

他們還做了一件別出心裁之舉：錄製一段影片。他們先是找出合法駭入Alexa之道，再拍下一段Graphiq工程師下指令要求Alexa提供服務的影片，只不過，採用的知識圖譜是來自Graphiq，而非亞馬遜公司。成果令人驚豔，Alexa彷彿智商多出一百分。凱鵬華盈公司與亞馬遜有長久的關係，受Graphiq委託而將影片分享過去，使亞馬遜印象深刻。

凱鵬華盈公司與谷歌的關係也相當深厚，跟三星高層交情匪淺，包括其副總裁。此外，凱鵬華盈商務發展團隊與蘋果的商務發展團隊，因最近兩次交易而頗爲緊密。凱鵬華盈公司在微軟的人脈直達比爾・蓋茲。現在，Graphiq即可運用這些關係獲得目標買家的注意力。

Rule 96 與潛在買家建立關係；別打冷電話

準備推銷材料的時候到了。這包括概略的公司案例，可以在非正式場合與買家的不同代表討論，旨在刺激其食慾，不在說服對方購買你的公司。這還不是銷售簡報，也許只是一張介紹，或是你拿來跟顧客描述公司的簡章，或是強調傲人成就的幾張投影片。把目標買家當作潛在顧客或夥伴，你可以盡情推銷公司的價值，卻完全不表示有出售意願。

待你完全準備妥當後，就探向決策者。邀請他們喝咖啡；請利益關係人安排一頓午餐或晚餐，地點是對方也在場的餐廳；在工商活動場合製造「巧遇」，確保他們深入認識你與公司，真正了解你們的策略價值，之後會熱切追蹤你們的發展狀況。

在這些場合中，傾聽與推銷一樣重要。直接從買家這邊得知他們對你公司的想法與其收購手法，能讓你修正之前的認知，更正確地評估彼此的合適性。如果你打算繼續，也可以針對他們最在乎之處，著手準備以後的討論。

以電子郵件及各式材料來報告你的進展。詢問有無合作機會，仔細聽好答案。若想建立合作關係，問你能爲對方做什麼，是很有效的辦法，但你要能夠做到才行。若你對他們有用處，自會留在他們的觀察雷達中。光是會見決策者還不夠，還要讓對方留下深刻的印象，開始往來，才能繼續對話。

在董事會與銀行團的介紹之下，Graphiq團隊開始四處敲門。他們也運用熟知這些買家的其他人脈，幫他們在決策者面前說好話。他們跳上飛機，一一登門造訪，以詳盡簡報資料說明自己所從事的工作。他們假設這些目標買家完全不知道他們在知識圖譜方面的能力。令人訝異的是，經過所有研究和準備後，他們呈現的並非以消費者決策或出版爲主，甚至也不是大數據，而是他們在知識圖譜及人工智慧的專業——技術知識，尤其是人才與領導團隊。他們先不談收購，而是討論是否有合夥、合作，甚至投資的可能性。然而，他們是極有自覺地踢開了收購大門。

Rule 97 隨時準備妥當

當跨過那條線，認眞討論收購的時機到來，你必須胸有成竹，萬事俱備。如果你確實如此，買家自然會主動聯繫。

收購自有其步調與節奏。假如你使盡渾身解數，幾個月過去仍不見反應，也許是沒戲唱了。但如果你感覺對方主動聯繫的次數不下於你，就可以更謹愼地步步爲營。

之前說過，出場估值多半有一個局部極大值，端視你這家新創事業所處的階段，與外界如何看待你的潛力。或許你自認公司還沒成熟到能賣什麼好價錢，但有很多新創事業儘管還在蹣跚學步，營收及顧客都乏善可陳，卻因爲市場競爭因素改變而讓大企業對他們垂涎，看中他們的技術與團隊。可能你的選擇權價值（option value）超過財務價值（financial value），但無論如何，價值就是價值。

出售的理想時機，是當公司策略或財務價值到達頂點，且所有關係人都經過深思，同意這項交易。所以，你務必要讓董事會及投資者掌握進程，別到買家真的開價時才匆匆告知，敦促他們決定。各個關係人的立場不一，各有不同考量，要給他們時間消化，接受你的想法。

即便公司還沒準備出售，你跟團隊與董事會進行這種探索，也是很重要的。若做得好，那不會阻止公司繼續前進，而是讓你做足準備，東風一吹就朝最好的機會達成變現。

Graphiq團隊終於接近終點，這段路已經走了七個月，全部可能的買家都有意願。奧康納一直跟董事會報告他與這些企業的討論、相關的「可比較交易」、各種不同選項；董事會也全力支持。銀行團扮演與買家之間的討論橋梁，凱鵬華盈公司也在其間確保沒有遺漏任何訊息。此時，Graphiq投入大量時間與決策者開會，招待盡職調查小組與營運經理來總部（順道一提，這個總部就座落於沙灘上的一個小丘；浪頭好的日子，你可能會看見Graphiq團隊在海中衝浪）。基於過去的太多經驗，奧康納小心翼翼地避免讓公司裡的期待過高，畢竟這不是沒有破局之虞，屆時他得大費周章重振軍心。

買方各家的處理過程各異。等銀行團訂出最終收購要約日期，他們開始出現分歧。有一家先提出低價試探，Graphiq團隊向其他家表示已有人展開攻勢，但不提供更多細節。這一點他們很堅持，因爲不想被視爲四處比價而失去衆人的信賴。他們也很明確表露其策略是「要買要快」（buy it now），而非「拍賣叫價」（at auction）。隨著時間分秒過去，談判愈見嚴肅。Graphiq團隊依舊保持坦誠，各家都想贏得交易。Graphiq清楚表示，如果無人出價達到目標，他們將改走拍賣路線再做評估。訊息十分明確：若財務條件不夠理想，Graphiq很可能收手不賣。

談判進行到第十一個小時，已然深夜，終於有一家咬牙出價，命中Graphiq公司的目標價，而且正是Graphiq的心中首選——亞馬遜。長話短說，這漫長的十個月，在對最終協議火力四射的磋商後快速落幕，如今Graphiq成爲亞馬遜一支非常開心的高效能隊伍，致力使Alexa成爲語音助理的第一把交椅，也以他們在人工智慧與機器學習的專業，貢獻於亞馬遜其他領域的事業。美滿結局，嶄新開始。

Rule 98

成功絕非線性

每天都是一場硬仗。成功的新創事業都曾經起起落落；有些更歷經破產危機，才變成受人尊敬的上市明星。

拿特斯拉公司在二〇〇八年瀕臨消失的例子來說吧。就在伊隆・馬斯克（Elon Musk）這位新創家探頭望向眼前的深淵，只瞧見最後一塊錢時，戴姆勒公司（Daimler）即時注資五千萬美元，特斯拉公司才得以翻身，讓投資者與顧客展開無窮的想像。也別忘了一九九七年賈伯斯剛回到蘋果公司時，蘋果請求微軟貸款，好繼續撐下去。大家都知道那後來多精采。

還有推特（Twitter）公司，傑克・多西（Jack Dorsey）和伊凡・威廉斯（Evan Williams）之前的那間播客（Podcasting）公司Odeo倒閉了，才有這隻浴火鳳凰。馬克斯・列夫琴（Max Levchin）與彼得・泰爾（Peter Thiel）先創立了做資訊安全的Confinity公司，之後才轉型爲行動支付PayPal。谷歌原本只是一家爲網景（Netscape）等入口網站提供搜尋服務的公司，直到市場需求引發谷歌搜尋結果付費廣告的誕生，剩下的就不用多說。

儘管不乏變數及難關，但你可以克服的。練好基本工，像是準備兩份營運計畫、智慧領導、精準管理；確認你的信仰之躍，評量重要事項並隨時修正；解除風險、完成重要階段目標，再談擴充；要節省；只找一流人才，維持他們的士氣；逐步化想法爲產品，將產品推入市場，在市場締造業績；挑選對的投資者；聰明募資；打造優秀董事會，善加管理；尋找最佳變現契機。

如果沒有顧好基礎，就只是在孤注一擲。如果不嚴謹自律，這條船在入海前就會撞到礁岩。產品差勁會使公司完蛋，董事會差勁亦然。錯的投資者可能在最糟糕的時間點扯你後腿。汲取知識，潛心修練，有備無患。

掌握一切能掌握的（即以上全部），運用智慧領航，以提高成功的機會，也減少痛苦的代價。當你知道投資者跟董事會在想什麼，就比較能相互搭配。有時聰明人會做蠢事，但有時聰明人所爲看似愚蠢，若明白其居心，就知道那完全合理。

當挫敗發生（它們必然會發生）時，要記住這條道路絕非直線，所有創業家都要度過這一關。

你並不孤單。

Rule 99

鴻運當頭，別措手不及

路易．巴斯德（Louis Pasteur）有此名言：「機會是留給準備好的人。」對創業者來說，沒有比這更深刻的提醒了。你也許自以為掌握了自己的命運，尤其是當你曾經被命運之神眷顧，讓你沾沾自喜。但經驗再三證實，若非某些不可掌控的因素，任何天才和努力都無法成事。要找到完全白手起家的人，得要用相當狹隘的視野才行。

就拿偉大的賈伯斯為例。一九八六年，他從喬治．盧卡斯（George Lucas）手中買下皮克斯（Pixar），一套製作數位影像的高檔電腦系統，生意不是太好，賈伯斯就把皮克斯推到個人電腦，以至軟體包（software package）RenderMan，但依舊不見起色。在策略考量下，皮克斯公司成立一個動畫小組，由鮮為人知的電腦動畫師約翰．拉薩特（John Lasseter）帶領，製作展示影片來宣傳其技術。隨著皮克斯的前景黯淡，拉薩特開始爲顧客製作電腦動畫商業片，湊合著度日。

巧的是皮克斯公司也跟迪士尼公司有商務關係。傑佛瑞．卡森伯格（Jeffrey Katzenberg）是迪士尼製片廠（Walt Disney Studios）的總裁，負責振興動畫部門，這塊業務曾有《小美人魚》（*The Little Mermaid*）、《美女與野獸》（*Beauty and the Beast*）等賣座動畫片。他有意製作一部電腦動畫電影，想請拉薩特過來執導。諷刺的是，拉薩特幾年前就是因爲被迪士尼開除，才跑到皮克斯工作。

接下來就是賈伯斯走運之時。拉薩特沒有去迪士尼公司，反倒說服卡森伯格運用皮克斯公司，來替迪士尼製作電腦動畫電影，雙方於是簽下一紙兩千六百萬美元、三部片的合約。卡森伯格很滿意，因爲在此之前不曾有過製作公司賺大錢的先例，他一定以爲自己之後可以便宜買進皮克斯。在此同時，賈伯斯持續努力想把流血不止的皮克斯賣給微軟公司，但沒有成功。

《玩具總動員》（*Toy Story*）是皮克斯公司的首部電影，全球衝出三億七千三百萬美元的驚人票房；連同之後的四部，皮克斯一共創下二十五億美元的賣座成績。這個前所未見的成果，讓迪士尼於二〇〇六年付出七十四億美元買下皮克斯。賈伯斯並非從自己的帽子裡拉出兔子，但是兔子一現身，他完全做足了準備。

我們先別離開賈伯斯這個主題。當他在一九八五年被蘋果公司趕出去，成立了NeXT公司，爲教育及商業打造電腦工作站。但公司搖搖欲墜，賈伯斯企圖仿照皮克斯公司的前例，將NeXT出售，卻乏人問津。一九九六年，蘋果公司想要新的操作系統，打算從尚・路易・格塞（Jean-Louis Gassee）手中買下Be Inc.公司。格塞當過蘋果公司的工程副總，據說蘋果開價兩億美元，但他要更多。蘋果公司猶豫不前，就此改寫賈伯斯的命運。賈伯斯告訴蘋果公司，他願意以四億兩千九百萬美元的折讓價，讓蘋果公司入手更有價值的NeXT公司。賈伯斯以顧問身分重返蘋果公司，最終再度成爲執行長，率領蘋果公司締造空前的創新與財富。再一次，這個機會不是賈伯斯及蘋果公司打開的，是格塞；但當運勢一變，賈伯斯立刻抓住機會。

這絕非貶低賈伯斯，他絕對是產品及行銷天才，但若拉薩特加入迪士尼公司，或格塞同意蘋果公司的出價，歷史將整個改寫，偉大的賈伯斯也許只會是個註腳。賈伯斯無法控制運氣，但是當時機到來，他的團隊與策略讓他能立即上前，掌握大運。

與賈伯斯亦敵亦友的比爾．蓋茲，也多次碰到好運。一九八〇年，微軟公司是個人電腦程式語言領導者，包括BASIC。當ＩＢＭ公司決定進軍個人電腦市場，便來找蓋茲與共同創辦人保羅．艾倫（Paul Allen）洽談合作。會議中，ＩＢＭ公司請蓋茲建議這項方案的最佳操作系統，蓋茲提了數位研究公司（Digital Research）的加里．基代爾（Gary Kildall），其手中的ＣＰ／Ｍ是當時那種簡陋雜牌個人電腦第一名的操作系統。蓋茲親自打了電話爲兩方牽線。

ＩＢＭ團隊拜訪數位研究公司時，基代爾並不在。某些報導說他去開私人飛機，但也有人說他到灣區出差。ＩＢＭ團隊就向他的妻子桃樂絲．麥克尤恩（Dorothy McEwen）遞出一份典型的片面保密協議，做爲授權協商的前哨。他的妻子拒絕簽署，IBM公司便放棄這條線。

蓋茲的運氣來了。IBM公司再度向他探詢別家操作系統。蓋茲知道一家叫西雅圖電腦製品（Seattle Computer Products, SCP）的個人電腦硬體公司，這家小公司為最新一代英特爾處理器研發出QDOS操作系統。蓋茲打電話給西雅圖電腦製品的老闆洛德．布洛克（Rod Brock），馬上以一萬美元簽下QDOS系統的授權，微軟每授權給一家公司，將會另加費用。蓋茲的助手史蒂芬．巴爾默（Steve Ballmer）跟IBM公司談及QDOS系統，問IBM公司想不想買，但IBM公司不想，因為他們希望IBM個人電腦是開放系統平台。更多好運眷顧著蓋茲。

結果，IBM公司付給微軟公司四十三萬美元，其中四萬五千美元是用在微軟操作系統上，後來叫做DOS。IBM公司原想付更多，但蓋茲聰明地選擇把DOS系統賣給其他公司的權利。翌年夏天，蓋茲以五萬美元買下QDOS系統，整個成為微軟天下。

蓋茲不可能安排基代爾那天不在，也不可能叫他妻子拒簽保密協定，但眼見條件適當，他立刻買下替代操作系統，與IBM公司結盟把DOS系統賣給個人電腦組裝產業。好運當前，他早已做足萬全準備。

再看看谷歌公司。谷歌初期從自身運氣得到很多，但這裡說的是壞運氣。佩吉與布林的第一個商業模式，是把他們的搜尋引擎提供給其他入口網站，例如網景。入口網站從自己的顧客賺錢，再分給谷歌一點點。他們的壞運氣來自於，這些入口網站不知如何從暴增的搜尋量賺錢。谷歌逐漸賠錢，需要想點辦法。佩吉兩人考慮把廣告橫條放在搜尋網頁上，但那種使用者體驗讓他們很不喜歡。另一家叫GoTo.com（後來的Overture）的公司，則把位置賣給想在搜尋結果先出現的廣告主，問題是使用者看到的結果是依照廣告主付費多寡，而非依據問題相關度。谷歌把這個概念轉了一下，將演算法算出的相關結果放在網頁左邊，付費結果擺右邊。這個最終成爲AdWords的成果一炮而紅，而源頭正是他們兩人當初碰到的壞運氣——那些入口網站無法應付搜尋出來的龐大數量，但若非谷歌團隊技術有辦法提供最佳搜尋結果，贏得絕大多數使用者的喜愛，也無法獲致成功。

機會確實是留給準備好的人，而其推論也屬實：準備好的人若沒碰到一點機會，也無法成功。才智並非只靠呼風喚雨；那意味著你會準備好水桶，隨時接到突然其來的傾盆大雨。捕捉莫名一轉的運氣，是很厲害的技巧。職業賭徒就是運氣行家，善於抓住機會加碼下注，因而藉此維生。做到卓越，這不僅是成功的充分條件，更是必要條件。若要成功，你也得是承接運氣的避雷針。我們講的不是坐待盲目運氣，而是要掌握運氣。當然，有時候財富的確會從天降至毫無預備的某人頭上，但你可不能這樣經營公司。

Rule 100 熟記心法，靈活拆解

學徒努力學會規則；老練工匠傲然做到完美；大師根本忘卻規則。中世紀以來，創投與創業也無非如此。創投界出現愈來愈多學徒，而像珀金斯這樣的大師寥寥可數。

本書所有的規則都經過千錘百鍊。只要熟悉它們，你就能夠預見問題。直覺並非只是憑空快速思考，而是知識形塑而成的優異判斷。

多數規則是爲了一般狀況而設，當環境需要時，就該打破，我們這些規則亦然。把它們當作試金石，幫你做出重要決定，而非使你動彈不得的沉重包袱。該如何應用、變化，甚至加以忽略，都是只有你能做的決定，視你本身所碰到的獨特問題和契機而定。

你也許非常不苟同一、兩項規則，但若我們做到令你深思明辨自己的處

境，即便你做出相反的結論，我們的目的也達到了。不過，一次的例外事件，不該當作指導原則。

在商場上，我們很少能盡善盡美地達成目標，「折衷」並非不好，但你若能熟悉前人的經驗，應該能獲得更好的成績。你最清楚狀況，所以不必畏懼，相信直覺，等你也成爲大師，再列出你的規則吧。

後記
基本原則

創業令人著迷的理由很多。創業者的生活滿是創意，他們追尋熱情，挑戰既有事物，在依夢想打造未來的同時，還能蓄積權勢財富。他們拒絕待在冰冷乏味、陵墓似的辦公大樓，爲「老大」朝九晚五，安靜絕望地生活。他們充滿獨立性，往來的諸多名流盡顯其身分不凡。

平庸的老企業試圖改變造型，顯出時尙，推倒隔牆以開放工作空間，擺上幾張手足球機台，以爲這樣可以吸引人才。許多年輕人卻更喜歡掏出上面印著執行長兼某創意創辦人的名片，即便那意味著要跟三名合夥人共用三公尺見方的小隔間，與其他二十多個同樣夢想無窮的獨立思考家，共享整個工作空間。

在能享用免費午餐的日子實現以前，能量棒（energy bar）一根接著一根，甚至是代餐飲料Soylent。

在外人看來，成立公司似乎不難。某天醒來，腦中浮現一個點子，向親朋好友宣傳，說服一、兩人併肩合夥，挑出一流創投，製造產品，有意收購者紛至沓來，再將公司出售給其中開價最高的。

但我們明白，那並非實情。

儘管新創業者可以從琳瑯滿目的書籍、影片、播客、部落格、推特，快速學到如何形成概念、擬定營運計畫，製作簡報，甚至募到種子基金，但其他就有點複雜了。

究竟該如何執行計畫？領導團隊的最佳方法爲何？如何挑選合適的夥伴？什麼是最好的投資者，誰又最適合我？怎樣募集適量資金，眞正成立一家公司？董事會是怎麼回事，我爲何需要？該怎麼管理？出場呢？那跟流動性的差別何在？我會傾向哪一種？這些重要問題又引來上千個問題，包括怎麼決定想法、創造產品，繼而選擇產品並建立公司，再讓公司發展爲一家成功企業。

公司不能光靠夢想，你得顧好細節，管好營運，緊盯分毫支出，縝密思考要向誰募資。帶領團隊走過晴雨，組織可靠的顧問、教練及董事會，以期進展不脫規畫。不只做夢，你親手耕耘，竭心盡力。

貿然闖進新創世界，將會模糊最重要的問題，這帶出我們最愛的一條規則，愛到我們把它藏在最後，獻給所有創業意志堅定、持續閱讀至此的人。

基本原則——時時追問為什麼？

爲什麼做這個？爲什麼是你？爲什麼選現在？

實在很難想像，這些問題會讓那麼多創業者瞠目結舌。好一陣語塞之後，他們可能會講起願景，複誦成立宗旨，或簡單一句「因爲可以賺很多錢」。但這都不是我們想聽的。

我們想知道你的動機，我們想知道你爲何在乎，但願也能知道爲何我們應該在乎。此時面對那麼多機會及挑戰，我們想知道，爲何你這個機會特別重要，且成功在望。

別只因爲有人會問而準備這些問題。用心回答，因爲那是你投身創業的整個基礎。成爲億萬富翁的天才愈來愈多，我們一定要把這些「爲什麼？」回答得非常透澈。

有錢會帶來權力，權力會衍生特權或責任，選擇在你。世界不需要更多享受特權的創業家，創投家也一樣。我們認爲，若成功有任何意義，就是去履行你對他人的責任。要創造改變，不要只顧賺錢。

你必須明白這個新創事業爲什麼對你很重要，爲什麼對別人也很重要。新創事業的成功機率如此低，爲什麼還值得你往火坑裡跳？你當然不希望失敗，成功永遠比失敗迷人，但萬一不幸失敗，你會自覺白費了一段時間，還是自傲打了一場硬仗？

了不起的創業家必須聰明，還有堅毅，再加上熱情。了不起的創業家也必須能證明某樣東西，對抗某件事情，完成某種神聖使命。

我們盼望本書能讓你更清楚，若要獲得眞正的成功，必須做到什麼。如果我們不辱使命，書中的這些規則應該能加速並擴大你的成功機會。屆時你可以在這百條之上加入你的規則，慷慨分享給他人，就像珀金斯曾對我們與早期一代創業家所做的。

最重要的，我們盼望讀者運用成功締造價值，而非僅在意公司估值。當成功使你自覺優越，你很容易就會失去人性。

專精帶來歡喜，傑出令人驕傲，成功伴隨快意。而為他人創造價值，助他人發揮潛能，更是眞正的意義與成就。畢竟，成功的創業是人類潛能的勝利。

我有一位明智的朋友，在一九九〇年代科技泡沫期，曾經當過一週左右的億萬富翁。有一次，他告訴我，如果你能坐擁一切，任何東西都將失去價值。你不需要選擇。當一切毫無價值，你同樣失去意義。

我們希望這些規則能幫助你，在你的領域、社區及人生創造改變。假如你有創業天賦，也就是創造的天賦，就用它來為衆人改善世界，並推己及人，協助下一個人也發揮潛力，與世界同享戰果。

請不斷自問：「爲什麼？」這能讓你腳踏實地，頭腦清晰。創業很重要，因爲那股力量讓世界更美好。那就是爲什麼每滴血汗、淚水全都值得。

致謝

藍迪・高米沙

若沒有李埃傑斯曼，絕對沒有這一本書。這項合作令我受益良多，一路下來，我對他的景仰與尊敬，只有直線上升。

黛博拉・唐恩（Debra Dunn），我親愛的太太，貢獻了敏銳洞見與神奇修飾，經過她的鼓勵和建議，這本書的成果遠超過我最初的預期。與編輯荷莉絲・辛鮑琪（Hollis Heimbouch）再度合作，真是太棒了，她的專業及友好總讓我驚喜。艾瑞克・凱勒（Eric Keller）、葛瑞格・伍克（Greg Woock）、李維・金（Levi King）看過初稿後的寶貴意見，讓我們對本書的價值深具信心。

凱鵬華盈團隊成員，尤其我的長期夥伴貝絲・塞登堡（Beth Seidenberg）、泰德・史萊恩（Ted Schlein）、約翰・杜爾（John Doerr）、賓・戈登（Bing Gordon）、布魯克・拜爾（Brook Byers），多年來對我不吝指點。可靠的夥伴艾琳・藍絲（Erin Lens），一路總是督促著我。我有幸共事過的那許多令人佩服的創業家與老闆們，讓我學到人生和事業上的許多祕訣。我也要感謝日夜躺在我腳邊的蘿拉及魯弗斯，牠們依然不明白我在做什麼，對我的愛卻絲毫不減。

簡圖恩・李埃傑斯曼

沒有詞語能形容我對高米沙的感激。有你這位導師，我既謙卑又驕傲。你投注於我身上、讓我能不斷長進的所有時間、精力與力氣，我實在感激不盡。你是了不起的作家，也是一起胡鬧的好兄弟。

我深深思念的，亦師亦友的湯姆・珀金斯：你的洞見、才智、赤誠，仍不斷指引著我。我睿智美麗的妻子桑妮雅（Sonia）：有妳，我不致迷失在那些瘋狂之舉。我最棒的子女，艾瑞克（Eric）、奧莉維亞（Olivia）、麥克斯（Max），我愛他們遠甚一切。

感激辛鮑琪如此了解我們。感激小華特・普瑞茲（Walter Presz Jr.）、麥可・沃爾（Mike Werle）及拉斯・安德森（Lars Andersen）教會我腳踏實地；沒有你們對我的莫名信心，我不可能成爲現在的自己。我親愛的好友麥可・林斯（Michael Linse）與戈拉・班達利（Baurav Bhandari），謝謝你們一路支持，讓我理解周遭的一切。尚・莫里阿提（Sean Moriarty），一位眞正的領袖與逆向思考者，謝謝你的堅定信賴。當然，還有Stand課程的所有同伴，謝謝你們讓我保持誠實。

創業的100條潛規則——
行家才知道，從發想、籌畫、募資到變現，矽谷成功訣竅一次到齊

作　　者——藍迪．高米沙（Randy Komisar）&
　　　　　　簡圖恩．李埃傑斯曼（Jantoon Reigersman）
譯　　者——劉凡恩
特約編輯——洪禎璐

發 行 人——蘇拾平
總 編 輯——蘇拾平
編 輯 部——王曉瑩、曾志傑
行 銷 部——陳詩婷、蔡佳妘、廖倚萱、黃羿潔
業 務 部——王綬晨、邱紹溢、劉文雅

出 版 社——本事出版
　　　　　　新北市新店區北新路三段207-3號5樓
　　　　　　電話：(02)8913-1005　傳眞：(02)8913-1056
　　　　　　E-mail：andbooks@andbooks.com.tw
發　　行——大雁文化事業股份有限公司
　　　　　　地址：新北市新店區北新路三段207-3號5樓
　　　　　　電話：(02)8913-1005
　　　　　　傳眞：(02)8913-1056
劃撥帳號——19983379　戶名：大雁文化事業股份有限公司
美術設計——COPY
內頁排版——陳瑜安工作室
印　　刷——上晴彩色印刷製版有限公司
2019年 06月初版
2023年 11月二版1刷
定價　550元

ISBN 978-626-7074-64-0
ISBN 978-626-7074-66-4 (EPUB)

缺頁或破損請寄回更換
歡迎光臨大雁出版基地官網 www.andbooks.com.tw 訂閱電子報並填寫回函卡

國家圖書館出版品預行編目資料
創業的100條潛規則——行家才知道，從發想、籌畫、募資到變現，矽谷成功訣竅一次到齊
藍迪．高米沙（Randy Komisar）& 簡圖恩．李埃傑斯曼（Jantoon Reigersman）／著　劉凡恩／譯
譯自：Straight Talk for Startups　100 Insider Rules for Beating the Odds— From Mastering the Fundamentals to Selecting Investors, Fundraising, Managing Boards, and Achieving Liquidity
---.二版.— 臺北市；
本事出版　：大雁文化發行，2023 年 11 月
面　；　公分.–
ISBN 978-626-7074-64-0 (平裝)
1.創業　2.企業經營
494.1　　　　108004561